Veröffentlichungen aus der
Forschungsstelle für Theoretische Pathologie

(Professor Dr. med. Dr. phil. Dr. h. c. H. Schipperges)

der Heidelberger Akademie der Wissenschaften

W. Doerr H.-J. Pesch (Hrsg.)

Pathomorphose

Änderungen der Pathologie,
dargestellt am Gestaltwandel einiger
Krankheitsbilder

Mit 35 Abbildungen

Springer-Verlag
Berlin Heidelberg New York
London Paris Tokyo

Prof. Dr. Dres. h. c. Wilhelm Doerr
em. Direktor des Pathologischen Instituts
der Universität Heidelberg
Im Neuenheimer Feld 220–221, D-6900 Heidelberg

Prof. Dr. Hans-Jürgen Pesch
Pathologisches Institut, Universität Erlangen–Nürnberg
Krankenhausstraße 8–10, D-8520 Erlangen

ISBN-13:978-3-642-83610-7 e-ISBN-13:978-3-642-83609-1
DOI: 10.1007/978-3-642-83609-1

Softcover reprint of the hardcover 1st edition 1988

Einband: J. Schäffer GmbH & Co. KG, Grünstadt
2125/3140-543210 – Gedruckt auf säurefreiem Papier

Zum Geleit

W. Doerr und H.-J. Pesch

Am 20. November 1987 vollendete das korrespondierende Mitglied der Mathematisch-Naturwissenschaftlichen Klasse der *Heidelberger Akademie der Wissenschaften,* der o. Prof. der Allgemeinen Pathologie und Pathologischen Anatomie an der Universität Erlangen-Nürnberg, Dr. VOLKER BEKKER, sein 65. Lebensjahr. Am 28. November 1987 fand ihm zu Ehren in der Aula der Universität ein wissenschaftliches Symposium statt. Es wurde eingeleitet durch den Dekan der Medizinischen Fakultät Erlangen-Nürnberg, durch einen Weggenossen des Jubilars, vor allem aber durch den Präsidenten der Universität, Magnifizenz Professor Dr. NIKOLAUS FIEBIGER.

An den Anfang des eigentlichen Symposiums stellten wir die Laudatio auf VOLKER BECKER, des „Schülers und Lehrers" des Vortragenden „zugleich"! Diese Formulierung wurde entlehnt bei PAUL ERNST, dem alten Heidelberger Pathologen, der dieses Wortspiel, freilich in umgekehrter Folge, in der Festschrift für HEINRICH ZANGGER (den Zürcher Pharmakologen) gewählt hatte. Tatsächlich läßt sich die Leistung eines Gelehrten am besten abschätzen durch *den,* der Lehrer und Schüler zugleich war. Das Geben und Nehmen ist dann am offensten entwickelt, es ist am ertragreichsten, und es repräsentiert die „volle Wahrheit".

Das Symposium im engeren Sinne wurde durch Schüler und Freunde von BECKER bestritten. Die Thematik war auf das orientiert, was man *Pathomorphose,* also Veränderungen von Krankheitsbildern, nennen kann. Dabei wurde auch der Beziehungen zur Gestaltphilosophie gedacht, ja selbst das Berufsbild des Pathologen in seiner aktuellen Umgestaltung angesprochen.

Alles in allem: VOLKER BECKER hat sich trotz erheblicher Versehrtheit durch schwere Kriegsverletzung zu einer tragenden Säule unseres Faches entwickelt. Die Anregungen, die er Freunden und Schülern vermittelte, spiegeln sich in den hier veröffentlichten Beiträgen wieder. Sie zeigen, wie derlei für die Pathologie im ganzen typisch ist, nur eine Themenauswahl. Aber die zur Sprache gekommenen Fragen waren und sind diejenigen, die bis zur Stunde in Erlangen bedacht und gepflegt werden.

Wir wünschen dem Büchlein eine freundliche Aufnahme und Verbreitung und danken, wie immer, dem SPRINGER-VERLAG für die sorgfältige Betreuung.

Grußwort

J. W. Rohen
Dekan der Medizinischen Fakultät der Universität Erlangen-Nürnberg

Es ist eine schöne alte akademische Sitte, einen bedeutenden, weithin angesehenen Hochschullehrer durch ein wissenschaftliches Symposium zu ehren. Das heutige Symposium bekommt aber darüberhinaus noch eine besondere Note – nämlich dadurch, daß es, lieber Herr Becker, vor allem von Ihren ehemaligen Schülern und Mitarbeitern bestritten wird, die Ihnen zu Ehren aus Anlaß Ihres 65. Geburtstages die Ernte Ihrer langjährigen, zum Teil von Ihnen angeregten und mitbestimmten Arbeiten – unter dem Thema „Gestaltwandel in der Pathologie" – sozusagen auf den Geburtstagstisch legen. Gegen Ende, ich habe nicht gesagt *am* Ende, Ihres arbeitsreichen und erfolgreichen akademischen Lebens, mag Ihnen dieses so hervorragend organisierte und thematisch reichhaltige Symposium Gelegenheit geben, den dramatischen Wandel in den morphologischen Fächern, der sich in den letzten Jahrzehnten vollzogen hat, noch einmal vor Ihrem geistigen Auge Revue passieren zu lassen – sicher nicht ohne das auch von mir geteilte Staunen über alles das, was sich in einem so kurzen Zeitraum und mit einem fast unglaublichen Tempo an Veränderungen nicht nur in den Ergebnissen und Methoden, sondern auch in der Denkweise in unseren morphologischen Fächern ergeben hat.

Sie werden sich sicher erinnern, wie wir noch in den 50er Jahren kaum etwas Vernünftiges, sagen wir – über den Bürstensaum der Darmepithelzelle, über die verschiedenen Zellorganellen, über die morphologischen Grundlagen der Immunvorgänge, über die Feinstruktur vieler Organe und Gewebe, d. h. über zahlreiche lichtmikroskopisch seit mehr als hundert Jahren bekannte Strukturen, gewußt haben. Ich hatte das Glück, auf meiner ersten Japanreise mit Ernst Ruska, der später mit dem Nobelpreis ausgezeichnet worden ist, in einer Gruppe zusammen reisen zu dürfen. Bei dieser Gelegenheit lernte ich aus berufenem Munde die lange, dramatische Geschichte der Entwicklung des Elektronenmikroskops und der elektronenmikroskopischen Methoden in vielen, sonst wenig bekannten Details kennen. Obwohl das erste Elektronenmikroskop schon in den 30er Jahren hätte eingesetzt werden können, dauerte es doch bis in die 50er Jahre, bis die enormen methodischen Möglichkeiten der Elektronenmikroskopie wirklich erkannt und genutzt worden sind. Wie Sie wissen, haben erst 1952 SJÖSTRAND und PALADE die ersten brauchbaren e. m. Bilder von verschiedenen Zellorganellen (Mitochondrien usw.) veröffentlicht. 1953 hat PALADE die zuerst nach ihm benannten Granula, die später Ribosomen genannt worden sind, entdeckt. Dennoch ist die funktionelle Bedeutung dieser Zellorganellen, die sie für die Proteinbiosynthese haben, erst in den letzten Jahren befriedigend aufgeklärt worden. Von 1955 an haben DE DUVE u. a. das Lysosomenkonzept und ROBERTSON das Unit-Membran-Konzept entwickelt. Dennoch hat es bis 1972 gedauert, bis SINGER und NICHOLSON eine tragfähige und überzeugende Modellvorstellung von der Struktur der Zellmembranen entwickeln konnten. Haben CLAUDE, DE DUVE und PALADE, die 1974 den Nobelpreis erhielten, durch die von ihnen entwickelten Methoden der Zellfraktionierung den Grundstein für die moderne Zytologie gelegt, so erleben wir heute einen neuen Durchbruch auf dem Gebiete der Ultrastrukturforschung, und zwar dadurch, daß die modernen Methoden der Ultrahistochemie, Immuncytochemie und der topochemischen Elementanalyse, z. B. mit dem EDAX-System oder mit der elektronenmikroskopischen Spektrophotometrie z. B. mit Hilfe des neuerdings von Zeiss entwickelten EM 902, die topochemische Lokalisation einzelner Moleküle oder Atome innerhalb der Gewebe oder Zellen erlauben. So beginnen wir jetzt erstmals viele lange bekannte morphologische Strukturen in ihren funktionellen Zusammenhängen neu zu verstehen.

Dies ist der Punkt, den ich im Hinblick auf den Wandel der morphologischen Fächer für besonders wichtig halte. Die strukturelle Analyse ist in den morphologischen Fächern, also Anatomie, Pathologie, Pathophysiologie usw., in den letzten drei bis vier Jahrzehnten in einem rasanten Tempo durch die Entwicklung neuer Methoden bis zu der molekularen und atomaren Struktur der Zellen vorgestoßen. Wir fangen jetzt an, nicht nur die Struktur als solche zu begreifen, sondern auch die die Strukturen aufbauenden Stoffe in ihren Veränderungen und Umsetzungen zu erfassen. Die Struktur erscheint als das Ruhende, ist aber in Wirklichkeit einem ständigen Wandel unterworfen. Sie wird Ausdruck eines funktionellen Geschehens, das sich an der Struktur und mit dieser zusammen abspielt.

Dies ist der große Umbruch in den morphologischen Wissenschaften. Im Sinne von KUHN würde man hier von einem echten Paradigmawechsel sprechen, wie er sich mit ähnlicher Vehemenz vorher eigentlich nur noch beim Übergang von der Humoralpathologie zur Zellularpathologie, von ROKITANSKY zu VIRCHOW in der Mitte des vorigen Jahrhunderts ereignet hat. Wir beginnen zu lernen (zugegebenermaßen langsam und schwer zu lernen), daß Strukturen nichts Statisches, nichts Starres sind, sondern in lebenden Organismen einer ständigen Umwandlung unterliegen – gewissermaßen nur Momentaufnahmen von einem Prozeß darstellen, der als solcher den Lebensvorgang repräsentiert. In diesem Prozeß ist auch der Stoff nur ein Glied, ein Baustein, der ständig ausgewechselt und verändert wird.

Dies ist der Übergang von einem deskriptiven, statischen Denken zu einem mehr funktionellen Denken, ein Paradigmawechsel, der sich nicht nur in der Anatomie, sondern erfreulicherweise auch in der Pathologie abzuzeichnen beginnt.

Lieber Herr Kollege BECKER, Sie waren unter den Pathologen meines Wissens einer der ersten, der die damals noch neuen methodischen Möglichkeiten der morphologischen Forschung, wie z. B. die Histochemie und die Rasterelektronenmikroskopie auch für die Pathologie nutzbar gemacht hat. Sie haben bei Ihren frühen Untersuchungen über die Folgen von Sauerstoffmangel frühzeitig die Veränderungen des morphologischen Bildes bei definierten Stoffwechselstörungen verfolgt und damit im Grunde genommen funktionelle, gewebsdynamische Zusammenhänge zu erfassen versucht. Die funktionelle Denkweise ist auch bei Ihren späteren wissenschaftlichen Arbeiten zur Pathologie des Digestionstraktes, des Pankreas, der Leber und der Plazenta erkennbar. Sie haben vor wenigen Tagen Ihren 65. Geburtstag in alter Frische, geistiger und körperlicher Gesundheit und mit ungebrochenem Lebensmut gefeiert.

Die Medizinische Fakultät und alle Ihre Freunde und Kollegen wünschen Ihnen, lieber Herr BECKER, noch viele Jahre frohen und erfolgreichen Schaffens, sowie Gesundheit und Tatkraft, mit den jeweiligen, hoffentlich nicht immer zu schweren Problemen der Gegenwart fertigzuwerden.

Den Teilnehmern des Symposiums darf ich eine anregende, die persönliche wissenschaftliche Arbeit bereichernde und das funktionelle Denken stimulierende Tagung wünschen.

Gestaltwandel in der Pathologie

Kl. Goerttler

Am Anfang eines Symposiums über den Gestaltwandel *in* der Pathologie werden Erinnerungen wach. Sie vereinen die Schüler von WILHELM DOERR aus der Berliner Zeit. Im Herbst-Winter-Frühling 1954/1955 mußten die Sektionsjahrgänge 1930–1954 des Pathologischen Institutes der Freien Universität Berlin für ein Referat ausgewertet werden, das WILHELM DOERR in Zürich (1955) über den Gestaltwandel klassischer Krankheitsbilder unter der Chemotherapie gehalten hatte. Wir haben dabei sehr viel gelernt. Das Gesamtmaterial fand später durch HANS HELMUT JANSEN und durch KURT KÖHN eine monographische Bearbeitung. Die Auswertung dieses einzigartigen Beobachtungsgutes hätte noch sehr viel weiter gehen können.

Seither wissen wir, und wir werden Weiteres erfahren, daß auch die Morphologie von Krankheiten über den sogenannten Zeitgeist beeinflußt wird, also über die Lebensstil-Faktoren, über Veränderungen in unserem Umfeld und auch in unserer Umwelt. Es ist hier alles im Fluß, und damit ist auch für den künftigen Fortschritt in unserem Fach gesorgt, nachfolgenden Generationen von Pathologen zum Trost. Darüber müssen wir uns keine Sorgen machen.

Sorgen machen müssen wir uns über etwas anderes. Ich nehme die Gelegenheit wahr, durch Weglassung von ganzen zwei Buchstaben das Thema von heute hier umzufunktionieren. Meine Sorgen beziehen sich auf den Gestaltwandel *der* Pathologie. Hier haben wir einschneidende Veränderungen erlebt und erleben sie noch. Unser Fach hat in den letzten 50 Jahren einen äußeren und einen inneren Gestaltwandel erlitten. Die Abgabeverluste nach außen umfassen Serologie und Bakteriologie an Immunologie und Labormedizin, die prekäre Ausgliederung der Gynäkopathologie, die Abgabe der Hämatopathologie an die Internisten, der klinischen Pathologie an die Chirurgen. Der hieraus und aus der sinkenden Sektionsfrequenz resultierende Verlust an Anschauungsmaterial, Fundus für wissenschaftliche Untersuchungen, ist zwangsläufig. Gefährlicher erscheint mir ein innerer Gestaltwandel unseres Faches. Er ist geprägt durch eine subtotale Umschichtung des Interessenprofils fast aller Pathologischen Institute mit Konzentration auf Themen der speziellen histo-pathologischen Anatomie. Weitgehend wird verzichtet auf allgemeinpathologische Themen, was auch Werner Altmann[1] beklagt hat. Die experimentelle Pathologie führt ein von Problemen beladenes Dasein.

Infolge dieses Interessenwandels fühlte man sich immer weniger genötigt, Schulterschluß mit den Naturwissenschaften zu suchen. So kam es nicht mehr zur Inkorporation zukunftsträchtiger Teilbereiche in die Pathologie, die von Nicht-Pathologen zum Nutzen unseres Faches bei uns vertreten wurden. Schüchterne Versuche blieben im Ansatz oder in der Isolierung stecken. Ganz anders in den USA. Dort erleben wir, daß Physiker und Biologen als Professoren für Pathologie firmieren, dort werden ganze Teilbereiche inkorporiert. Betrachte ich unser Fach, dann frage ich voller Sorge, ob ihm das Schicksal der Anatomie beschieden ist, die sich weitgehend aus dem Vorstellungsbereich einer ganzen Generation von Ärzten verabschiedet hat, und dies ausgerechnet zu einem Zeitpunkt, zu dem moderne bildgebende Verfahren Stoffwechselabläufe unmittelbar sichtbar machen, etwa in der Kernspin-Tomographie.

Dieser Prozeß des permanenten Substanzverlustes nach außen wie nach innen bereitet mir Sorgen. Ich zweifle, ob heute die einst tragenden Säulen in der Pathologie noch belastungsfähig sind. Früher war unser Fach Geber-Fach für andere Disziplinen, heute ist es ein Nehmer-Fach geworden. Heute stehen wir vor der Notwendigkeit, zukunftsträchtige Randgebiete zwischen den Disziplinen zu erkennen, aber das Diktat der leeren Kassen verhindert die Integration. Wir müssen jüngere Mitarbeiter ermutigen, Kraft und Einsatzfreude hier zu investieren, und dabei verstellt das Schielen auf die Facharztanerkennung existente Interessen und reelle Entwicklungsmöglichkeiten. Die Molekularpathologie[2] ist außerhalb unseres

---

[1] Altmann, W.: Pathologie in Deutschland – Ahnung und Gegenwart. Der Pathologe 7:128–135, 1986.

[2] Schade, H.: Die Molekularpathologie der Entzündung. Ihre Bedeutung für das Krankheitsverstehen und Krankheitsheilen. Dresden und Leipzig: Theodor Steinkopf 1935.

Faches entstanden, und dies zu einem Zeitpunkt, zu dem wir einen Meilenstein für unser Verständnis der Beziehungen zwischen Ätiologie und kausaler Pathogenese erlebten. Erstmalig lassen uns *heute* in-situ-Hybridisierungen, DNA-Addukte, maßgeschneiderte monoklonale Antikörper den Weg von der Phänomenologie zurückverfolgen zum auslösenden Agens. So ist auch bei uns der anatomische Gedanke zukunftsträchtiger denn je. Wir müssen uns allerdings von dem Vorurteil befreien, daß nur der Blick durchs Mikroskop die Arbeitswelt des Pathologen kennzeichnen darf.

Es haben sich nicht nur die Krankheitsprofile geändert, unser Fach befindet sich selbst im Umbruch. Vor acht Jahren veranstalteten DOERR-Schüler zu Ehren von WILHELM DOERR zu dessen 65. Geburtstag ein Symposium über Theoretische Pathologie[3]. Heute meine ich, daß wir damals auf dem richtigen Weg waren, aber wir haben trotzdem vieles falsch gemacht. Wir haben die Entwicklung nicht richtig eingeschätzt. Rückblickend meine ich, hätten wir die Jahre später von der CAP organisierten DEARBORN-Konferenzen[4,5] in den USA vorwegnehmen können. Wir hätten ein STATE-OF-THE-ART der Pathologie in und für Deutschland erstellen sollen, um aus der Analyse des HEUTE heraus Wege für die Zukunft aufzuzeigen.

Zurück vom HEUTE auf das MORGEN. Ich habe mir erlaubt, unter nur minimaler Abwandlung des Titels des Symposiums Dir, lieber Volker, zu Ehren, Ihnen mein Ceterum censeo vorzutragen. Deine Schüler haben aus dem Gestaltwandel klassischer Krankheitsbilder unter den Faktoren des modernen Lebens ein Symposium über den Gestaltwandel in der Pathologie konzipiert. Hier werden Denkprozesse, hier wird eine Entwicklung sichtbar, die sich während unseres aktiven Lebens im Fach Pathologie vollzog. Ich wäre glücklich, wenn sich unsere jüngeren Fachgenossen unter eigenständiger Verarbeitung und Mehrung des Erbes daran machten, auch den Gestaltwan-

---

[3] Becker, V., Goerttler, K., Jansen, H. H. (Hrsg.): Konzepte der Theoretischen Pathologie. Berlin–Heidelberg–New York : Springer 1980.

[4] CAP Foundation Dearborn II Conference. The Practice of Pathology into the 21st Century. Arch. Path. Lab. Med. 110:261–305, 1986.

[5] CAP Foundation Conference IV. Pathology Practice in a World of Changing Technology. Arch. Path. Lab. Med. 111:581–687, 1987.

del der Pathologie im positiven Sinne voranzutreiben. Es geht darum, das Ansehen unseres Faches für die Nachbardisziplinen zu mehren, das Fach selbst wieder attraktiv zu machen. Wenn ich heute am Anfang des Dir zu Ehren veranstalteten Symposiums das Wort ergriffen habe, dann mit dem Wunsch, auch der Gestaltwandel der Pathologie möge uns allen zu Nutze vorangetrieben werden.

Grußwort

N. Fiebiger

Präsident der Friedrich-Alexander-Universität Erlangen–Nürnberg

Die Tagung zu Ehren von Professor BECKER gibt mir Gelegenheit, auf ein aktuelles Nachwuchsproblem hinzuweisen.

Herr Kollege GOERTTLER, Heidelberg, hat bei seiner Ansprache – in gewissem Sinne – den Gestaltwandel der Pathologie beklagt und festgestellt, daß sich das Fach in einem Umbruch befindet. Unterstellt man, daß diese Diagnose richtig ist, dann muß man auch nach den Ursachen der „Krankheit" fragen. Ich glaube, eine Antwort geben zu können und möchte auch einen Therapievorschlag hinzufügen.

Die Ausbildung unserer Mediziner hat sich verändert. Früher war es üblich – für die Mediziner, die eine Hochschullehrerlaufbahn anstreben –, neben der Fachausbildung auch eine längere Zeit in der Pathologie zuzubringen. Dafür nimmt man sich heute offensichtlich die Zeit nicht mehr, auch wenn sie unter Ausschöpfung aller rechtlichen Möglichkeiten zur Verfügung stünde. Nach den geltenden Bestimmungen stellen wir in der Regel einen Assistenten für zweimal drei Jahre ein. In dieser Zeit soll die Facharztausbildung abgeschlossen werden, für einen angehenden Hochschullehrer außerdem aber auch die Habilitation. Im Anschluß daran kann sich eine Tätigkeit als klinischer Oberarzt anschließen, die weitere drei Jahre umfassen kann. Selbst wenn von den Möglichkeiten einer Verlängerung Gebrauch gemacht wird, reicht die zur Verfügung stehende Zeit nicht aus, um auch noch für längere Zeit in der Pathologie zu arbeiten.

Nach allgemeiner Auffassung sollten für die Ausbildung eines Klinikers zum Hochschullehrer dreizehn Jahre zur Verfügung stehen. Diese Zeit ist auch nach den heutigen rechtlichen Bestimmungen zu erreichen, wenn man einen anderen Ansatz wählt als den heute üblichen, der mit der Einstellung eines Assistenten als Beamter auf Zeit

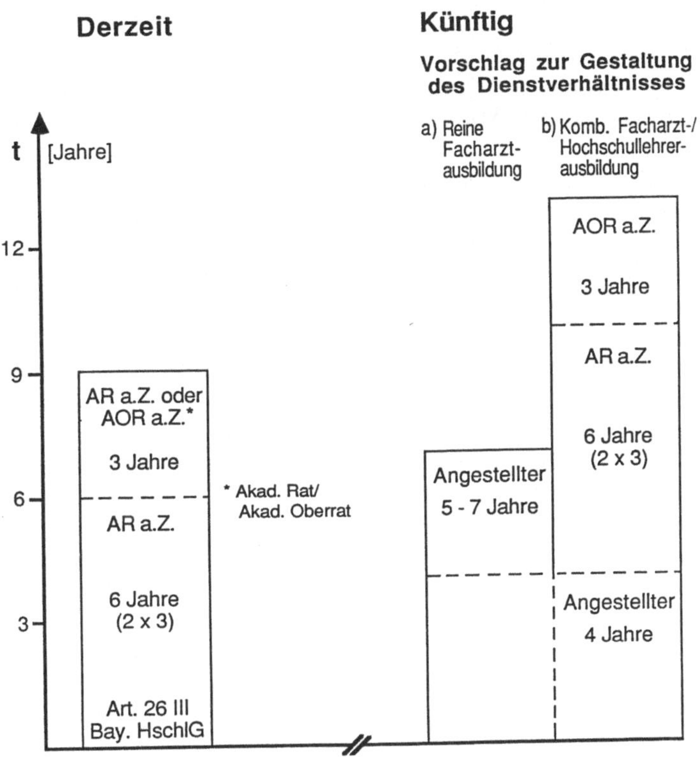

Abb. 1

beginnt. Deswegen möchte ich folgenden Vorschlag unterbreiten:

Ärzte werden nach der Approbation grundsätzlich im Angestelltenverhältnis beschäftigt, das fünf bis maximal sieben Jahre umfassen kann und für die Dauer der Facharztausbildung abgeschlossen wird. Nach vier Jahren wird ein bestimmter Prozentsatz dieser Ärzte – ich möchte dafür 20% vorschlagen – als potentielle Hochschullehrer in das Verhältnis eines Beamten auf Zeit übernommen. Dafür stehen nun weitere zweimal drei (= sechs) Jahre zur Verfügung (Abb. 1). Einzige Kriterien für die Auswahl der Ärzte zur Übernahme in die Laufbahn als akademische Räte auf Zeit sollen das bisher gezeigte wissenschaftliche Interesse und die erbrachten wissenschaftlichen Arbeiten sein. In diesen nun zur Verfügung stehenden weiteren sechs Jahren kann die Facharztausbildung wie auch die Habilitation abgeschlossen werden. Hier kommt nun der entscheidende Punkt, den ich herausheben will. Die Zeit kann nun auch dazu benutzt werden, um in der

Pathologie und nach dem heutigen Stand der Wissenschaften vielleicht auch in der Molekularbiologie außerhalb der eigentlichen Fachrichtung zusätzliche Erfahrungen zu sammeln. Mit dem Abschluß der Habilitation, spätestens nach zehn Jahren, stehen weitere drei Jahre und nach den vorgeschlagenen Änderungen des Hochschullehrergesetzes sogar vier Jahre zur Verfügung, in denen eine Tätigkeit als klinischer Oberarzt die Voraussetzungen schafft, um entweder sich erfolgreich um eine Hochschullehrerstelle oder um eine Chefarztposition in einem Krankenhaus bewerben zu können.

Zu Beginn der Tätigkeit von jung approbierten Ärzten besteht nach meiner Erfahrung bei ihnen wenig Neigung, das Angestelltenverhältnis zu wählen. Vor die Wahl gestellt, wollen mehr als 90% die Tätigkeit als Beamter auf Zeit aufnehmen. Es bedarf aber keiner neuen gesetzlichen oder arbeitsrechtlichen Bestimmungen, um meinen Vorschlag, zunächst alle Assistenzärzte im Angestelltenverhältnis zu übernehmen, zu realisieren. Diese Entscheidung kann die Universität als Arbeitgeber treffen.

Es liegt an der Medizinischen Fakultät und den verantwortlichen Klinikdirektoren, entsprechende Anträge zu stellen. Im Interesse einer breiteren Ausbildung, insbesondere in der Pathologie, sollte so verfahren werden.

Ich weiß, daß unser Jubilar mich gut versteht, und ich hoffe, daß sein Einfluß – etwa auch über den Fakultätentag – geeignet sein wird, die Entwicklungsmöglichkeiten der angehenden medizinischen Hochschullehrer zu bereichern. Glück auf!

Inhaltsverzeichnis

Mitarbeiterverzeichnis

Prof. Dr. Götz Brandt
Pathologisches Institut der Zentralkrankenhäuser
St.-Jürgen-Straße und Links der Weser
Am Schwarzen Meer 134/136, D-2800 Bremen 1

Prof. Dr. Dr. Peter Brunner
Pathologisches Institut
Städtische Krankenanstalten Aschaffenburg
Lamprechtstraße 2, D-8750 Aschaffenburg/M.

Prof. em. Dr. Dres. h.c. Wilhelm Doerr
Pathologisches Institut der Universität Heidelberg
Im Neuenheimer Feld 220–221, D-6900 Heidelberg

Prof. Dr. Nikolaus Fiebiger
Präsident der Universität Erlangen–Nürnberg
Schloßplatz 4, D-8520 Erlangen

Prof. Dr. Klaus Goerttler
Institut für experimentelle Pathologie
Deutsches Krebsforschungszentrum
Im Neuenheimer Feld 280, D-6900 Heidelberg

Prof. Dr. Wolfgang Jacob
Thomastraße 30, D-8034 Brannenburg/Inn

Prof. Dr. Bernhard Kaduk
Pathologisches Institut des Klinikums Bamberg
Buger Straße 80, D-8600 Bamberg

Prof. Dr. Hans-Jürgen Pesch
Pathologisches Institut
der Universität Erlangen–Nürnberg
Krankenhausstraße 8–10, D-8520 Erlangen

Prof. Dr. Klaus Richter
Institut für Pathologie
Berliner Allee 48, D-3000 Hannover 1

Prof. Dr. Dr. h.c. Johannes W. Rohen
Dekan der Medizinischen Fakultät
der Universität Erlangen–Nürnberg
Anatomisches Institut
Krankenhausstraße 9, D-8520 Erlangen

Prof. Dr. Hans Peter Seelig
Dr. Renate Seelig
Institut für Laboratoriumsmedizin
Kriegsstraße 99, D-7500 Karlsruhe

PD Dr. Peter Stömmer
Pathologisches Institut
der Universität Erlangen–Nürnberg
Krankenhausstraße 8–10, D-8520 Erlangen

PD Dr. Hartmut Stöss
Pathologisches Institut
der Universität Erlangen–Nürnberg
Krankenhausstraße 8–10, D-8520 Erlangen

Prof. Dr. Manfred Stolte
Institut für Pathologie des Klinikums Bayreuth
Preuschwitzer Straße 101, D-8580 Bayreuth

Prof. Dr. Paul Thierauf
Pathologisches Institut
der Universität Erlangen–Nürnberg
Krankenhausstraße 8–10, D-8520 Erlangen

Laudatio auf Professor Volker Becker, „den Schüler und Lehrer zugleich“

W. Doerr

Wer sich in den vergangenen Wochen auf die Geburtstagsfeier unseres Freundes, des weithin bekannten Pathologen VOLKER BECKER, innerlich vorbereitet und klargemacht hat, was das Besondere an diesem Manne ist, wird mir zustimmen, wenn ich sage

Persönlichkeit und Werk

bilden zwar eine vollkommene Einheit, enthalten gleichwohl ein unvermutet vielgestaltiges Panorama. Es hat Ähnlichkeiten mit einem Programm.

Sie wissen, daß der Geburtstag auf den 20. November 1987 fiel, daß wir also das

Bio-Natale

von dem heutigen

Scientifico-Natale

unterscheiden müssen. Gerade dies hängt mit dem zusammen, was ich Programm genannt hatte, mit den ungewöhnlich zahlreichen Haltepunkten, den Stufen seiner geistigen Entwicklung, den jeweils neuen Stationen der Ein- und der Übersicht.

BECKERS Lebensgang ist Ihnen bekannt (Tabelle 1). Was Sie vielleicht nicht wissen, ist, daß die erbliche Belastung, den Beruf des Arztes zu wählen, über mehrere Generationen zurückreicht,

daß VOLKER schon als Schuljunge experimentierte, einen Körper „Kastalith“, – wie er ihn nannte, und ein Medikament „Bonodorm“ darstellte,
mit Tieren, – Vögeln und Hunden, später mit Versuchstieren, umgehen konnte,
daß er ein Sammler war und die thesaurierten Objekte, – Briefmarken, Familienwappen, seltene Befunde –, auch wieder finden konnte.

Sie wissen es vielleicht noch nicht, daß VOLKER BECKER eine glückliche Mischung

aus natürlicher Heiterkeit des Herzens,
klarem Urteil des Verstandes,

Fähigkeit zu lebenslanger Freundschaft,
nämlich Treue zu sich und zu seiner Familie

in sich trägt. Dies ist sein Genotypus, und für diesen zeichnen seine Eltern verantwortlich: Dr. GEORG BECKER (1881–1967) und EMMY BECKER geb. ROEMHELD (1890–1969). Der Name ROEMHELD ist Ihnen geläufig, denn den gastrokardialen Symptomenkomplex (LUDWIG ROEMHELD, Gundelsheim a. N., 1871–1938) kennen Sie. Aber daß BECKER-Vater mit einer ganz modernen Untersuchung „Über das Zeitgesetz des menschlichen Labfermentes und dessen quantitative Bestimmung“ am 1. August 1905 magna cum laude in Gießen durch VOLHARD promoviert wurde, können Sie nicht wissen.

Wie sehen die *Gestaltungsfaktoren* des Wissenschaftlers VOLKER BECKER aus? Ich habe versucht, die Konvergenz der Richtungen, der an die Namen von Persönlichkeiten gebundenen schulischen, d. h. methodologischen Richtungen durch ein Schema zu verdeutlichen (Abb. 1). Ich bitte um Nachsicht, daß ich vieles vereinfachen mußte. Der erste und eigentliche Lehrer unseres Jubilars war sein *Vater,* Herr Dr. GEORG BECKER, Direktor des Krankenhauses in Alzey (Rheinhessen). Volker arbeitete mehrfach und immer wieder unter der Leitung seines Vaters. Der „alte BECKER“ hatte weit über das Niveau der leitenden Ärzte mittlerer Krankenhäuser hinausreichende Interessen, er stand in Verbin-

Tabelle 1. Curriculum Vitae des Prof. Dr. VOLKER BECKER

1922	20. Nov.	geboren zu Alzey (Rheinhessen)
1940		Abiturum (Worms)
		Reichsarbeitsdienst
	Wi.-Trimester	Aufnahme Med. Studium Heidelberg
1942		Militärdienst
	August	Verwundung
1943	WS 43/44	Fortsetzung Med. Stud. Heidelberg
1944	Herbst	Fortsetzung Med. Stud. Halle (Saale)
1945		Arbeit im Krankenhaus Alzey
1946	WS 46/47	Wiederaufnahme Med. Stud. Heidelberg
1947		med. Staatsexamen Heidelberg
1948	Januar	Promotion zum Dr. med. Heidelberg
	1.1.–30. 6.	Assistent bei Prof. ERNST KRAH, Heidelberg
	1.7.–31.12.	Assistent bei Prof. ALEX. SCHMINCKE, Heidelberg
1949	1.1.–31.10.	Assistent bei Prof. TH. HEYNEMANN, Hamburg
1949–		wiss. Ass. bei Prof. EDM. RANDERATH,
1953		Heidelberg
1953–		Freie Universität Berlin-Charlottenburg
1956		Westend, zus. m. W. Doerr
		Verehelichung mit Dr. Gisela Wedekind
		Habilitation
1956–		Christian-Albrechts-Universität Kiel,
1963		zus. m. W. Doerr
	1961	apl. Professor
1963	1.3.	Direktor Path. Inst. Karlsruhe
1969		Ordinarius Freie Univ. Berlin
1972		Ordinarius Univ. Erlangen-Nürnberg

dung mit vielen führenden Internisten und Chirurgen, selbst mit PAUL EHRLICH, denn er suchte und fand neue Behandlungswege, auch auf dem Gebiete der Chemotherapie, er behandelte den Milzbrand mit Salvarsan; aus seiner Feder stammen 20 Arbeiten diagnostisch-therapeutischer Orientierung. Ich hatte das Glück, Dr. GEORG BECKER kennenlernen zu dürfen, besuchte er doch – nun schon in reiferen Jahren – meine Kurse in Heidelberg und in Charlottenburg.

Ich nenne sodann EMIL ABDERHALDEN in Halle. Bei ihm arbeitete Volker als Amanuensis, – schwer verwundet aus Rußland zurückgekehrt, nach Wiederaufnahme des Studiums. Volker, von seinem Vater her mit der Reaktionskinetik der Fermente bekanntgemacht, stand ganz im Banne des großen Meisters der chemischen Physiologie. Geheimrat ABDERHALDEN hatte mit der unerbittlichen Klarheit des eidgenössischen Geistes

chemische Wirkstoffe, sog. Abwehrfermente, aber auch Hormone und Vitamine

sozusagen griffbereit präsentiert und dem 22-jährigen Studiosus klargemacht, daß Gestalten nicht sind, sondern geschehen, nämlich durch den gelenkten Stoffwechsel, also das Fließgleichgewicht. So ist es verständlich, daß Volker, der mir schon als Student aufgefallen war, nach dem Staatsexamen in die humorale Pathologie, für 6 Monate zu ERNST KRAH, unserem damaligen Heidelberger Immunologen, ging. Dann kam er zu uns in die Pathologische Anatomie und zu ALEXANDER SCHMINCKE. SCHMINCKES Leben erfüllte sich im Sektionssaal, und unser Jubilar erlitt diese für ein jugendliches Gemüt harte, in ihrer Weise einmalige Schulung, ohne zu murren.

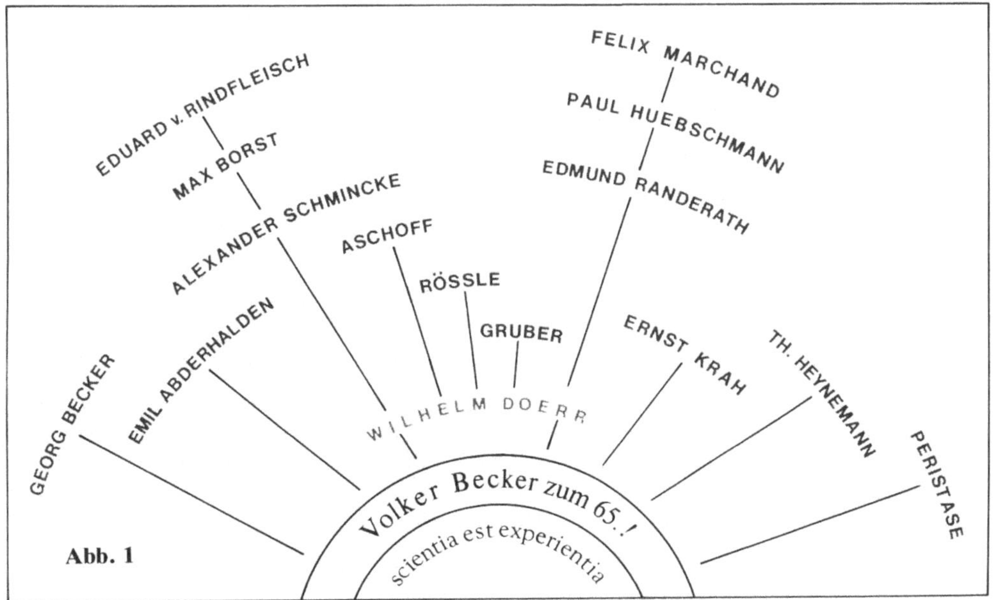

Abb. 1

> Natürlich räsonnierten wir hinter dem Rücken des Alten und waren überzeugt, daß wir schon „weiter" wären, stünden wir doch im Begriffe, so etwas wie den „chemischen Gedanken" in die Pathologie zu tragen. Und das kam so: SCHMINCKE erlaubte uns, an jedem Nachmittag, sobald die Sektionsprotokolle fertig waren, zu RICHARD KUHN, dem großen Naturstoffchemiker, Nobelpreisträger und Direktor des damaligen Kaiser-Wilhelm-Institutes zu gehen. Dort arbeiteten wir mit GÜNTER QUADBECK und seinem Kreis an toxikologischen Fragen, am Diabetes durch Alloxan und Glyoxal, schließlich am Warburg-Manometer. Diese Zeit war unglaublich anregend, die damals gesammelten Erfahrungen wirkten lange nach.

Zu Beginn des Jahres 1949 ging VB, einer Anregung seines Vaters folgend, nach Hamburg-Eppendorf zu TH. HEYNEMANN in die UFK. Auch GEORG BEKKER hatte dort, freilich vor dem ersten Weltkrieg, gearbeitet. Inzwischen hatte EDMUND RANDERATH (1. 10. 1949) die Nachfolge SCHMINCKES angetreten. Vorsichtige Kontakte explorativen Charakters ließen erkennen, daß die Bindung unseres Jubilars an Hamburg und die Klinik nicht allzufest war. Es gelang, und dafür muß ich RANDERATH dankbar sein, VB im Spätjahr 1949 nach Heidelberg und in die Pathologie zurückzuholen. Von jetzt an blieb er an meiner Seite bis 1963, bis er selbständig wurde, indem er das Institut in Karlsruhe übernahm.

Zunächst ein Wort zur Lage der Pathologie in Deutschland nach 1945. Der Auftrag lautete: Krankheitslehre und Krankheitsforschung, im wesentlichen getragen durch die morphologische Methode. Die geistige Situation wurde durch ein Wort von RÖSSLE charakterisiert: Die höchste Pflicht ist die Pflicht gegen das Recht, und das höchste Recht ist das Recht der Wahrheit (1930). Und es sei hinzugefügt, daß, wo immer die Wahrheit als Wirklichkeit nicht erkennbar wurde, die Pflicht zur Wahrhaftigkeit unser Berufsleben bestimmte. Derart vorbereitet haben die deutschen Pathologen die Erschütterungen des 2. Weltkrieges ohne Schaden an der persönlichen Haltung, ohne Verlust an der Substanz und dem Auftrag des Faches überwunden. Am 3. und 4. Juni 1944 trafen sich die Pathologen zu einer außerordentlichen Tagung in Breslau. Diese brachte je ein großes Referat von RÖSSLE über „Seröse Entzündung" und FRANZ BÜCHNER über die „Pathologie des Sauerstoffmangels". Der Eindruck war außerordentlich. Beide Phänomene gehen mit zellularen Veränderungen einher, die RÖSSLE, – jedenfalls für die Entzündung –, als parenterale Verdauung, BÜCHNER für den Sauerstoffmangel, – aus welcher Ursache auch immer –, als Hydrops der energetisch anspruchsvollen Parenchyme darstellte. Hier war für uns – den Jubilar und mich – ein innerer Ansatzpunkt gegeben.

Im alten Heidelberger Institut, – 1877 in Dienst gestellt –, konnte man Fernwirkungen der Lehrer unserer Chefs, also von E. v. RINDFLEISCH und M. BORST über SCHMINCKE sowie von F. MARCHAND und P. HUEBSCHMANN über RANDERATH, nachweisen, *wenn* man einen Sinn für methodologische Fragen hatte. Ich selbst habe LUDWIG ASCHOFF, ROBERT RÖSSLE und GEORG BENNO GRUBER Unendliches zu danken, vor allem die Einsicht, daß Pathologie als Wissenschaft nicht einheitlich sein kann, daß sie aber – richtig verstanden – Ausdruck unserer abendländischen Kultur ist.

Daß die *Peristase,* d. h. Land und Landschaft, Genius loci und Amtsvorgänger, Collegen und Mitarbeiter, ich nenne nur

Tabelle 2. Thematische Gliederung von VOLKER BECKERS Veröffentlichungen

1. Inauguraldissertation
2. Zellatmung, Sauerstoffmangel, Schädigungsstoffwechsel
3. Antimetabolitwirkung
4. Bauchspeicheldrüse
5. Plazenta
6. Erkrankungen von Magen, Darm u. Gallenwegen
7. Kasuistik
8. Miszellen
9. Allgemeine Morphologie u. Philosophie
10. Geschichte u. Geschichten
11. Technik, Unterricht, Diagnostik
12. Obduktionswesen
13. Zum Selbstverständnis d. Pathologen
14. Path. Anatomie d. weibl. Genitale u. zum Krebsproblem

Tabelle 3. Doktorarbeit

Über lokale Behandlung der „sulfonamidresistenten“ weiblichen Gonorrhoe mit hochprozentigen Sulfonamidlösungen. I. D. med. Heidelberg 1948

RICHARD BÖHMIG, Karlsruhe,
WILLY MASSHOFF und G. VOLKHEIMER, Berlin,
ERICH MÜLLER und die Fakultät in Erlangen,

daß also die Peristase einen mitbestimmenden Einfluß auf VB als Menschen und Wissenschaftler hatte, ist verständlich. Mir liegt eine *Zusammenstellung der Veröffentlichungen* des Jubilars vor, die 320 Titel umfaßt. Wenn ich für die heutige Stunde eine thematische Gliederung versuchen darf, erkennen wir 14 Gruppen (Tabelle 2). Ich konnte nicht alles anführen, VB hat viel mehr geschaffen[1], aber Sie sollen einen Begriff bekommen von der distributiven Kraft des Einfallsreichtums des Jubilars.

Die *Doktorarbeit* (Tabelle 3) ist noch aus der väterlichen Klinik hervorgegangen. Sie läßt aber bereits ein tragendes Thema erkennen, das ihren Verfasser viele Jahre begleitet hat.

> BECKER zitiert eine Forderung GRUMBACHS: Ein Chemotherapeuticum wirkt dann, wenn es in den intermediären Stoffwechsel so einzugreifen vermag, daß die Bildung eines für das Bacterium lebenswichtigen Stoffes verhindert wird.
> Und VB erklärt, daß zwischen der p-Aminobenzoesäure, dem Co-Ferment des für den Mikroorganismus essentiellen Holofermentes, und der Sulfanilsäure des Medikamentes ein – sit venia verbo – *betrügerischer Austausch* stattfände.

[1] VB hat 1947 über Geburtstagsglückwünsche für ABDERHALDEN (Med. Rundschau S. 133), aber auch (quid es, qui venit!) 1949 „zur Psychologie der Dirne“ (Dtsch. med. Wschr. S. 428) veröffentlicht!

Tabelle 4. Zellatmung, Sauerstoffmangel, Schädigungswechsel

Qualitative Bestimmung von Giftwirkungen auf Fermentsysteme der Zellatmung (Erörterung auf Grund der THUNBERG-Methode)	1949
In vitro-Untersuchungen von Giftwirkungen auf Fermentsysteme der Zellatmung	1951
Morphologische Äquivalentbilder... Vergiftung Zyankalium und Malonsäure	1951
Herzmuskelveränderungen... nach Vergiftung der Zellatmung	1953
Manometrische Untersuchungen über die Zellatmung in der Niere	1954
Geweblich gebundener Sauerstoffmangel	1954
Topographie der Oxydoreduktionsgebiete in der Bauchspeicheldrüse	1955
Methodischer Beitrag zum Hypoxieproblem	1956
Morphometrische Äquivalentbilder des äußeren und inneren Sauerstoffmangels	1959
Über den Schädigungsstoffwechsel	1959

Noch in seiner Kieler Antrittsvorlesung hatte er es mit der Biotechnik kompetitiver Hemmungen zu tun.

Ein Thema, das uns jahrelang begleitete, handelte von *„Zellatmung, Sauerstoffmangel, Schädigungsstoffwechsel“* (Tabelle 4). Ich hatte im Kriege mit Todesfällen durch Äthylenglykol zu tun. Es schmeckte wie schlechter Liqueur. Die Folgen des Genusses des Frostschutzmittels Glysantin bestehen überwiegend in Schädigungen von Niere, Herzmuskel, Pankreas und Gehirn. Die Menschen starben an hepatorenaler Insuffizienz. Bitte erinnern Sie sich, daß die Weinfälscher *Di*äthylenglykol verwendet hatten, nicht Glysantin. Weil die Glykole als technische Lösungsmittel auch nach dem Kriege Anwendung fanden, – etwa als Salbengrundlagen und Glyzerinersatz –, bat uns Herr Professor RICHARD KUHN, eine Reihe von Tierversuchen histopathologisch aufzuarbeiten. Wenn man die Nieren nach Glykolvergiftung prüft, findet man eine nekrotisierende Nephrose. Neben der Vakuolisation der Epithelien trifft man auf Oxalatkristalle, der zweiwertige Alkohol Äthylenglykol war zu Oxalsäure oxydiert worden. Dabei entsteht intermediär der kinetisch hochaktive Di-Aldehyd Glyoxal. Jener verrichtet eine eigene pathologische Leistung. Wir hatten bei BÜCHNER gelernt, daß Sauerstoffmangel eine hydropisch-vakuoläre Degeneration hervorruft. Wir hatten bei den Glykolvergiftungen besonders starke Formen der Vakuolisation gesehen. Die Frage war naheliegend, ob es sich bei diesen toxisch bedingten Veränderungen auch um die Folgen von Sauerstoffmangel, etwa durch Fermentlähmung, handeln könnte. Hier zeichnete sich eine faszinierende Perspektive ab, die natürlich nur experimentell verfolgt werden konnte. VB gab damals (1949) eine *Methode der qualitativen Bestimmung von Giftwirkungen auf Fermentsysteme der Zellatmung* an (Tabelle 4).

Der klassische Versuch zur Darstellung des Dehydrasensystemes ist die Thunberg'sche Methylenblaumethode. Sie ist ein Verfahren zur Feststellung der Zeit, die nötig ist, um einen bekannten Wasserstoffdonator mit Hilfe einer Dehydrase zu dehydrieren und den abgespaltenen Wasserstoff auf eine bekannte Menge Methylenblau zu übertragen.

RICHARD KUHN hat uns ermuntert, den Reduktionsindikator TTC mitzuverwenden. Tatsächlich hatte VB die THUNBERG-Methode mit der TTC-Methode kombiniert und auf diese Weise eine Möglichkeit geschaffen, die ganze Kette der Zellatmung (THUNBERG: Zytochrom-Zytochromoxydase; Tetrazolsalze: Dehydraseneffekt, Wasserstofftransport) „abzutasten“.

Es gehört zu den eindrucksvollsten Erlebnissen zu demonstrieren, daß wenige Minuten nach arterieller Beschickung eines Organs etwa des Pankreas durch TTC eine typische Rötung auftritt, hervorgerufen durch die Bildung von Tausenden winziger Formazankristalle. Noch schöner sind die Resultate an der Niere. Die Glomeruli atmen nicht, sie sind passive Filtrationsstätten und besitzen keine energetisch anspruchsvolle Epithelgarnitur. Die tubulären Hauptstücke aber präsentieren eine einzigartige Pracht von feinsten Kristallablagerungen.

Von diesem Punkte aus war es nur ein kleiner Schritt zu untersuchen, was bei definierter Hemmung der Zellatmung in den Parenchymzellen geschieht. VB hat gemeinsam mit dem nachmaligen Mainzer Anaesthesiologen R. FREY (damals noch Assistent an der K.H. BAUERschen Klinik in Heidelberg) durch Injektion von Fermentgiften in die A. coronaria sinistra des schlagenden Hundeherzens gezeigt, daß kleine Dosen von Zyankalium eine trübe Schwellung der Herzmuskelfasern, von Kalium-Malonat einen Hydrops hervorrufen. Schließlich entwickelte BECKER ein Modell (Abb. 2), das die Angriffsorte der fermentativen Hemmung der Zellatmung überzeugend erklärte. Wir haben uns jahrelang, bis in unsere Berliner Zeit (1953–1956), mit der Erarbeitung der Äquivalentbilder beschäftigt. Dabei ließ sich zeigen, daß durch Hemmung der Dehydrasen durch Malonsäure ein Ausfall der Zellatmung in Leber, Herzmuskel, Niere in einem Umfang von 60% im Warburg-Manometer dokumentiert wird, daß dann – und nur dann – eine hydropisch-vakuoläre Degeneration im Protoplasma der Parenchymzellen entsteht, daß durch Spüleffekt die normale Atmung wieder hergestellt und der Zellhydrops zum Verschwinden gebracht werden kann. Nimmt man aber Zyankalium, brechen über 90% der Atmung zusammen, es entsteht keine Vakuolenbildung, aber eine grobkörnige Trübung des Zytoplasma.

Mit anderen Worten: Die Vakuolenbildung bei Sauerstoffmangel erschien uns als Ausdruck einer relativen, d.h. kompensierbaren energetischen Insuffizienz. Die Vakuolisation ist so etwas wie eine vitale Reaktion. Die geschädigte Zelle schiebt ihre Metabolite gleichsam ab, in die Cisternen des endoplasmatischen Reticulum, um in Tagen der Restitution den normalen Status, das zelluläre Gleichgewicht, wiederzugewinnen. Das Thema ist noch immer aktuell.

Ein Problem, das den Jubilar lange beschäftigte und das er später in seiner Kieler Antrittsvorlesung behandelte, betraf die *Antimetabolit-Wirkungen*. Noch in Heidelberg hielt VB – im Keller der Alten Pathologie – einen Fuchs in großem Laufkäfig. Das Tier wurde so ernährt, daß es eine Beri-Beri bekam –, bekommen sollte. Die Diät wurde nach dem schon angesprochenen Gesetz des betrügerischen Austausches zusammengesetzt. Noch bevor wir ein Ergebnis hatten, zogen wir nach Berlin. Dort gingen wir differenzierter vor. Die Zusammenhänge waren so:

Die Glykolvergiftung, von der ich sprach, hatte auch eine pankreatotrope Wirkung. Die Langerhans'schen Inseln erinnerten an die Befunde bei Alloxandiabetes, im exokrinen Pankreas lagen disseminierte Einzelnekrosen. So fanden wir Interesse *auch* an der Pankreaspathologie. Hier konvergierten drei pathogenetische Bedürfnisse: Experimentelle Dysenzymie, d.h. gezielte Hemmung der Zellatmung; toxische Pankreatopathie; Stoffwechselstörung durch kompetitive Hemm-Mechanismen. Die Bauchspeicheldrüse war damals in ihrer Histophysiologie durch GOTTWALD CHRISTIAN HIRSCH in Göttingen sowie ALTMANN und MENY in Freiburg weitgehend geklärt worden. Wir suchten und fanden einen vorzüglich geeigneten Hemmstoff: Die Alpha-Amino-Gamma-äthyl-Thiobutter-Säure, das dl-Äthionin, zeigte bei allen Versuchstieren, abhängig von Ernährungszustand, Alter, Geschlecht und Versuchsdauer, am meisten in den Organen des stärksten Eiweißumsatzes bestimmt-charakterisierbare Veränderungen. Die Applikationsart war gleichgültig. Pankreas, Leber und Hoden zeigten eindrucksvolle Alterationen. Die Azinusepithelzellen lassen die frühesten Veränderungen im Bereich der basal gelegenen ergastoplasmatischen Filamente erkennen. Dort, wo die pyroninophilen ribonukleinsäurehaltigen Mikrosomen liegen, treten Vakuolen auf, die basalen Epithelabschnitte schmelzen ab. Es entsteht das Bild einer serös-zelligen, wohl resorptiven Entzündung. Man nennt das Äthioninpankreatitis. Indem Äthionin den Einbau des Methionins nach dem Prinzip der Antimetabolitwirkung unmöglich macht, die Synthese der für den Aufbau der Ribonukleinsäure erforderlichen Pyrimidinbase stört, bricht das Parenchym zusammen. Chronische Äthionin-

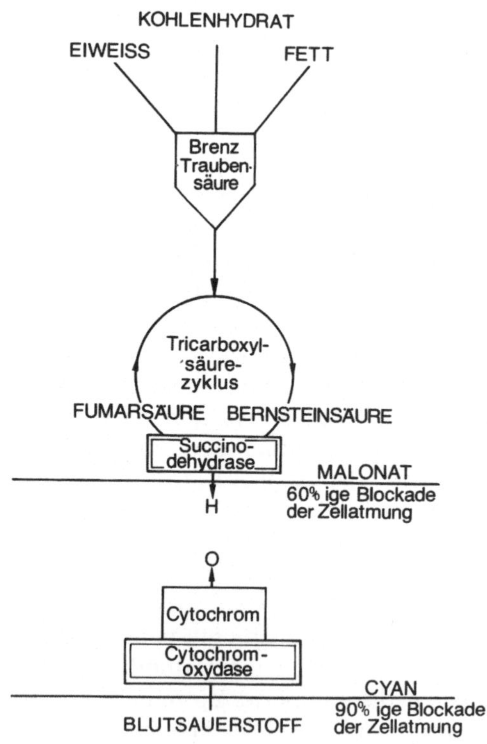

Abb. 2

Tabelle 5. Antimetabolitwirkung

Die chronische Äthioninvergiftung der Ratte	1957
Wirkungsweise und praktische Bedeutung der Antimetaboliten	1957
Experimentelle Lebercirrhose durch Schädigung des RNS-Stoffwechsels	1959
Wirkung von Thioazetamid auf das Leberparenchym	1965

vergiftungen mit kleinen Dosen lassen eine lipomatöse Atrophie der Bauchspeicheldrüse entstehen. Hinter diesen Arbeiten stand eine ganze Konzeption (Tabelle 5). Später hat sich VB mit der Erzeugung der Lebercirrhose beim Kaninchen durch Thioazetamid beschäftigt.

Soweit, so gut. Kaum waren VB und ich in Berlin seßhaft geworden, erklärte mir unser Jubilar, daß er sich von nun an mit ganzer Kraft der funktionellen Morphologie des *Pankreas* zuwenden wollte. Es ging ihm jetzt um die Klärung der großen Pankreatopathien (Tabelle 6). Unsere Übersicht greift nur die wesentlichen Arbeiten heraus. Es handelt sich, wenn ich die „Lage“ richtig beurteile, um 74 Veröffentlichungen, darunter 3 Monographien *und* einen kompletten Handbuchbeitrag von 586 Seiten[2].

Zunächst hatte Becker in großen Reihenuntersuchungen, und zwar in Heidelberg, Berlin und später in Kiel, ermittelt, daß bei Verstorbenen jenseits der Lebenswende *kein* Pankreas pathologisch-anatomisch unversehrt war. Die häufigsten Veränderungen waren Lipomatose, Fibrose, pankreatitische Residuen. Wenn die Aussage Virchows richtig sein sollte, daß „die Pathologie eine Physiologie mit Hindernissen“ sei, mußten die pathischen Veränderungen der Bauchspeicheldrüse aus wie auch immer beschaffenen Funktionsstörungen abgeleitet werden können.

Das war das Programm von Beckers *Habilitationsschrift.* Sein starkes historisches Bedürfnis ließ ihn an Claude Bernard und dessen „Mémoire sur le pancreas“ (1856) anknüpfen. Becker konnte zeigen, daß die zu Funktionsgemeinschaften zusammengetretenen Azinusepithelien „auf Kommando“, im Sinne einer Hemisynchronie arbeiten, und daß verschiedene Sekretionsreize unterschiedliche Speichelqualitäten hervorrufen. Die pharmakodynamisch unterschiedliche Leistung von Pilocarpin und Sekretin kann man histologisch ohne Schwierigkeit erkennen. Die Sekretinwirkung verrät sich durch Neigung zu Ödembildung. Die initialen Speichelgänge können das angeschwemmte Blutwasser nicht fassen, laufen über oder zerreißen. Dieses sogenannte *Speichelödem* schien eine zentrale Stellung im Fortgang aller Veränderungen zu beanspruchen. Ein chronisches fermentarmes Speichelödem macht eine entdifferenzierende Atrophie mit Fibrose, ein akutes, entstanden durch exzessive Sekretion gegen Widerstand – z. B. durch Papillenveränderungen –, leitet möglicherweise die katastrophale Parenchymnekrose ein.

Wir – VB und ich – haben uns immer wieder um die experimentelle Klärung bemüht. Und wir haben versucht, eine durch Fermententgleisung

---

[2] Band 6 im Buche Doerr-Seifert-Uehlinger, Springer 1973.

Tabelle 6. Bauchspeicheldrüse

Ödemstudien am Pankreas	1954
Speichelödem und Pankreasatrophie	1957
Sekretionsstudien am Pankreas	1957
Pathologie d. Laboratoriumstiere, Bd. I, Bauchspeicheldrüse	1958
Papillitis stenosans Vateriana	1959
Patholog. Anat. d. Pankreas und Rö-Diagnostik	1961
Pankreasschäden durch Trypsin in vitro	1963
Pathomorphologie des exkretorischen Pankreas	1964
Tryptische Pankreatitis	1964
Patholog. Anat. d. ZOLLINGER-ELLISON-Syndroms	1965
	1967
	1969
Funktionelle Morphologie der Bauchspeicheldrüse	1967
Pathogenese der chronischen Pankreatitis	1970
Bauchspeicheldrüse, Inselapparat ausgenommen, Pankreas-Carcinom	1975
und chronische Pankreatitis	1978
Akute Pankreatitis, funktionelle Morphologie	1981
	1984
Differentialdiagnose chronische Pankreatitis ⁒ Carcinom	1980
Morphology of chronic pancreatitis	1981
Pankreascarcinom, pathologisch-anatomische Grundlagen	1981
Chronische Pankreatitis	1984
Morphologische Aspekte in der Differenzierung zwischen Pankreatitis und Carcinom	1984
Kritische Bemerkungen zu der sogenannten Erwachsenenmucoviszidose	1961
Zur Frage der Erwachsenenmucoviscidosis	1961
Mucoviscidosis – Symptom, Syndrom, Krankheitseinheit?	1964
	1966
Anatomische Untersuchungen an Schweiß- und Duftdrüsen	1964
Funktionelle Morphologie der Schweißdrüsen	1964

initiierte Nekrotisierung zu beherrschen, nämlich die Entstehung zu verhüten oder einen bereits entstandenen Schaden zu heilen.

Dabei haben wir uns um ein besseres Verständnis der Inhibitormechanismen bemüht, freilich mit unterschiedlichem Erfolg. Immerhin gelang es in *den* Fällen, in denen das Versuchstier überlebte (Trasylol; Hund), eine granuläre Pankreascirrhose zu inszenieren.

Soweit kamen wir, bis unser Jubilar Karlsruhe übernahm. In den folgenden Jahren, in Berlin und Erlangen, mußten gegnerische Vorstellungen (–Pankreatitis als zirkulatorisches Phänomen, nekrotisierende Pankreatitis als Infarktäquivalente–) abgewehrt, und es mußte die Etymologie des Terminus „Trypsis", daher „tryptische Pankreatitis", klargestellt werden. VB hat dies alles durchgestanden. Er hat uns bis in die letzten Jahre über *neue* Formen vor allem der chronischen Pankreatitis, über die eminente Bedeutung kanalikulärer Prämissen für Formen und Ursachen der Pankreatitis *und* über die Beziehungen Pankreatitis ⁒ Pankreascarcinom berichtet.

Er erklärte uns die Pathobiologie der

Syndrome von ZOLLINGER-ELLISON,
VERNER-MORRISON,
das WERMER-Syndrom,

und er griff mehrfach klärend in die Debatte ein „Gibt es eine Erwachsenenmukoviszidose?". Unser Jubilar blieb ganz fest. Mit aller Redlichkeit des Intellektes vertrat er seine Beobachtungen, er blieb immer auf dem Boden der Tatsachen.

In dem Maße, in dem das akute pankreatitische Drama als im pathogenetischen Grundsatz verstanden gelten durfte, trat die unendlich häufige *chronische Pankreatitis* in den Mittelpunkt seiner Interessen. Durch systematische Aufarbeitung von mehreren tausend Pankreaten, teils durch Autopsie, häufiger durch Biopsie gewonnen, erarbeitete er, und zwar in enger Bindung an die ihm mitgeteilten klinischen Befunde, insbesondere unter Berücksichtigung der Daten, gewonnen durch bildgebende Verfahren, 5 Formen der chronischen Pankreatitis:

Segmentale Pankreatitis,
Gallenstein-Pankreatitis,
Divertikel-Pankreatitis,
Pankreatitis bei Duodenalwandcysten und
Rinnenpankreatitis.

Es handelt sich nicht um Gedankenspiele, sondern um phänomenologisch begründbare klinisch-anatomische Manifestationsformen. Wer sie kennt, trifft leichter die Abgrenzung zum Carcinom. Herr STÖMMER wird Genaueres berichten.

Als VB und ich noch in Kiel waren, erlebten wir zu unserer Verwunderung, daß der damalige Direktor der Frauenklinik, ERNST PHILIPP, und sein Oberarzt GEORG HÖRMANN, dezidierte Interessen an der *Plazenta* hatten. In einem Referat vor den norddeutschen Gynäkologen hatte ich über Fragen der perinatologischen Pathologie berichtet. Mehr aus Höflichkeit als aus Sachverstand demonstrierte ich ein Präparat einer leergespülten, nativ geschnittenen, im Phasenkontrast photographierten Plazenta. Ich hielt es damals noch mit der Permeabilitätspathologie EPPINGERS. VB nahm meine Anregungen auf und entwickelte ein eigenes Programm (Tabelle 7). Er zeigte mir, daß scheinbar einfache Befunde durch komplizierte Mechanismen entstehen können, BEKKERS Doktorand UWE BLEYL stand ihm zur Seite. Auf der 34. Tagung der Deutschen Gesellschaft für Gynäkologie, Hamburg 1962, erstattete BECKER ein Schlüsselreferat „Funktionelle Morphologie der Plazenta", in dem die Prinzipien der Chronopathologie dargestellt wurden. Maturitas praecox und Maturitas retardata wurden als Gegenpole einander gegenübergestellt. Bleibt die Plazenta – etwa durch Gestosen, Stoffwechselerkrankungen oder entzündliche Alterationen – auf einer frühen Entwicklungsstufe stehen, nehmen Verödungsfelder überhand. Es entsteht ein Maturationsarrest, die Frucht stirbt ab und wird vorzeitig ausgestoßen. Ein Gegenbeispiel wäre dann gegeben, wenn über-

Tabelle 7. Plazenta

Plazenta, fluoreszenzmikroskopisch	1957
	1958
Plazenta, Reifung der Zotten	1959
Maturitas praecox placentae	1960
Plazentarzotten bei Schwangerschaftstoxikose	1961
Funktionelle Morphologie der Plazenta	1963
Plazentare Ursachen von Früh- und Totgeburten	1965
Plazenta-Insuffizienz	1969
Probleme d. pathologischen Anatomie d. Plazenta	1970
Chronopathologie der Plazenta	1971
	1973
Abnormal maturation of villi	1974
Fibrinthromben in Plazentargefäßen	1976
Endangiitis der Zottengefäße	1976
Granulome in der Plazenta	1980
Allgemeine und spezielle Pathologie der Plazenta in „Die Plazenta des Menschen"	1981

tragene Früchte „oft nach mehrfacher Geburtseinleitung" eine noch nicht ausgereifte Plazenta besitzen.

Woran erkennt man die Reifung der Plazenta? Die unreife Chorionzotte ist groß, plump, arm an Gefäßen, im Besitze einer doppelten Trophoblastschicht. Der Trophoblast einer Zotte aus dem 6. oder 7. Monat ist nur noch einschichtig, aber es sind Gefäße vorhanden. Das Stroma der Zotte einer reifen Plazenta ist vaskularisiert. Die Zotte als solche ist in 4 Kompartimente gegliedert, deren Einzeldurchmesser klein ist. Die Kerne sind zusammengerückt und bilden brückenförmige Stützen. Dazwischen liegen chorio-capilläre Membranen. Das Schema stammt aus dem Jahre 1969. Die Morphologie der Plazenta ist reich an Besonderheiten. VB konnte zeigen, daß von der Basalplatte der Plazenta Säulen und Segel zwischen die Zotten hineinreichen. Sie dienen als Haftpunkte, also der inneren Verankerung. Wer sich jemals mit der Histologie der Plazenta beschäftigt hat, kennt die eigenartigen Veränderungen der Gefäße der Stammzotten

bei einfacher Hyperemesis,
bei Diabetes,
bei Toxoplasmose der Mutter.

Die Folge derartiger Verschlüsse ist eine Plazentarinsuffizienz in dem Augenblick, in dem das Organ als Ganzes nicht mehr größer wird, vielmehr seine perfusorische Kapazität durch innere Entwicklung neuer Austauschflächen erhöhen sollte. Die stenosierenden und obliterativen Gefäßveränderungen dürften als „entzündliche", d. h. im Sinne sogenannter Defensivreaktionen, gewertet werden. Der Gefahrenwert für den Fetus ist beträchtlich.

Steigen wir die Gefäßbahn entlang, und zwar nach der mütterlichen Seite zu, treffen wir auf Veränderungen der *Nabelschnur,* die schon bei den Altvorderen als mögliche Ursache für die Entstehung von Mißbildungen gewertet

Tabelle 8. Erkrankungen von Magen, Darm und Gallenwegen

Pathologische Anatomie der Oesophagus- und Magenerkrankungen	1967
Malabsorptionssyndrom	1967
	1971
	1975
Pathologische Anatomie des resezierten Magens	1969
Pathomorphologie und Pathogenese der Malabsorption	1969
Morphologische Dünndarmdiagnostik	1970
Maldigestion – Malabsorption	1972
Die fibrinoide Nekrose bei dem Ulcus ventriculi	1972
Entzündliche Darmerkrankungen	1973
Polyp-Ektomie-Probleme	1973
Papillotomie	1973
Pathomorphologie der Vater'schen Papille	1977
Gastrointestinale Durchblutungsstörungen	1979
Verschlußikterus	1981
Diarrhoe-Hypercalcämie-Ateminsuffizienz	1982
Pathologische Anatomie biliärer Stenosen	1982
Ischämische Colitis	1986

worden waren. Freilich, derlei Beobachtungen sind selten. Was den Pathologen vielmehr bewegt, ist die Torquierung der Nabelschnur. VB hat geduldig die Verhältnisse rekonstruiert. Die Typologie echter und falscher Knoten ist reich an wunderlichen Gegebenheiten.

Die Krönung aller Untersuchungen an der Plazenta, sein 100 Seiten starker Beitrag in seinem Buche mit Kubli und Schiebler, erwuchs aus einer Verbundstudie für 18 Frauenkliniken, und zwar aufgrund der Untersuchung von 14000 Plazenten! Volkheimer nannte Beckers Sammlung ein „Plazentarium“, ich spreche von einem Kabinett für „seltene Scheußlichkeiten“.

Erlangen gilt mit Recht als *Hochburg der Gastroenterologie.* Selten hat eine Fakultät eine so glückliche Entscheidung getroffen, indem sie Volker Becker als Ordinarius der Pathologie gewann. Die Erkrankungen von *Magen, Darm und Gallenwegen* (Tabelle 8) haben unseren Jubilar schon in seiner ersten Berliner Zeit beschäftigt. Publizistisch ist er – denkt man an den Magen-Darm-Kanal vom Oesphagus zum Mastdarm – erst in Karlsruhe, in der zweiten Berliner Zeit und bis zur Stunde von Erlangen aus hervorgetreten. Wir denken gern an sein großes Referat auf der Pathologentagung in Mainz 1969, wo er an der Seite von Herrn Ludwig Demling Ordnung brachte in

den Begriff und die morphische Manifestation der Malabsorption.

„Malabsorption“ bedeutet genaugenommen ungenügende Resorption abgebauter Ingesta. Hierher gehören die verschiedenen Formen der Sprue, also auch der Coeliakie, der gluteninduzierten Enteropathie, der connatalen Ferment-, etwa der Disaccharidase-, der Laktase-Defekte, aber auch durch Chylusblockade (Morbus Whipple), einige entzündliche Erkrankungen und die iatrogene, also radiogene Darmwandschädigung.

VB hatte uns damals klargemacht, daß die regenerative Potenz der Dünndarmschleimhautepithelien eine „Halbwertszeit“ von 1,8 Tagen besitzt; daß die täglich neugebildete Menge von schleimhäutiger Zellmasse auf 250 g geschätzt werden darf, daß eine Dünndarmschleimhautzotte dreimal so lang zu sein hat wie die nächst nachbarliche Schleimhautkrypte tief ist. Der Jubilar verwies auf die diagnostische Bedeutung des unregelmäßigen Zottenbesatzes von Sprue und Coeliakie. Er sprach von Kahlschlag, also einer Zottenatrophie durch *Psilosis*.

Die Regenerationsfähigkeit der Dünndarmschleimhautepithelien ist ein feines Indiz für die Unversehrtheit des Organs. Das Spiel der Regenerationsvorgänge ist empfindlich. Der Folsäureantagonist Methotrexat trifft die eigentliche Regenerationsschicht, die Krypten werden abgeflacht. Die Gliadine treffen die Epithelschicht der Differenzierungszone, die Zotten werden nivelliert. Es resultiert eine Entparenchymisierung. Die diagnostischen Hilfen, die BECKER seinen Fachcollegen gerade auf dem Gebiet der Gastroenterologie gegeben hat – ich denke an

pathologische Anatomie des resezierten Magens,
Pathomorphologie der VATER'schen Papille,
Durchfallkrankheit – Hypocalcämie – Ateminsuffizienz,
ischämische Enteropathie,
Polyp-Ektomie, villöses Adenom und Ménétrier-Syndrom,
maligne Entartung –,

seine Hilfen also sind aus dem aktuellen Laborbetrieb des praktisch tätigen Pathologen nicht wegzudenken.

Zu einem *richtigen Pathologen,* der täglich im Hörsaal steht, der seziert und mikroskopiert, gehören zwei Merkmale seines wissenschaftlichen Opus,

eine gepflegte Kasuistik (Tabelle 9) und
eine Sammlung sogenannter Miszellen (Tabelle 10).

Die eine braucht er, denn der Kenner der speziellen pathologischen Anatomie benötigt eine „Polyhistorie“, also einen differentialdiagnostischen Schatz. Die „Miszellen“ markieren Ansätze weiter ausgreifender Arbeiten, also weiterreichender Probleme, vielfach hergeleitet aus kleinsten Alltagsbeobachtungen, allein unvollendet geblieben, weil sich Perspektiven auftaten, die zu durchwandern vorläufig unmöglich war. Ich kann nur zwei Belege präsentieren:

Tabelle 9. Kasuistik

42 Jahre in situ gebliebener Gazetupfer	1955
Dystrophia musculorum progressiva und Morbus Basedow	1957
Hämangioendotheliom der Leber	1961
Monströse Cystenleber	1963
Leiomyom der Niere	1964
Verschluß des Ventrikelseptumdefektes nach Endokarditis	1964
Erythrodermia desquamativa Leiner	1965
Formvarianten der Sehnenfäden des Herzens „Chorda muscularis"	1967
Glomustumoren im Analbereich	1967
Pathologische Anatomie der Fettsucht	1968
Villöses Adenom des Rektum und MÉNÉTRIER-Syndrom	1972
Durchfälle bei Rheumatismus	1976
Septische Temperaturen bei unklarem Aszites	1977
Polyneuropathie, Nebenniereninsuffizienz, Durchfälle	1978

Tabelle 10. „Miszellen"

Die intraperitoneale Anwendung der Sulfonamide	1949
Fremdkörperreaktionen des Endometrium nach intrauteriner Sulfonamidapplikation	1950
Histochemische Untersuchungen an sog. Paraproteinkristallen	1953
Elasticodiairese in Fremdkörperkristallen	1954
	1960
Pathologische Anatomie erworbener Aortenerkrankungen	1961
Nesocytotrope Wirkung in vitro	1962
Leberaufbau, Hepatitis und Cirrhose	1963
ZOLLINGER-ELLISON-Syndrom	1965
	1966
	1967
	1969
	1970
Das WERMER-Syndrom	1968
Oberflächenuntersuchungen d. Otosklerose-Knochen	1968
Dauerdruckfolgen an Gallengangsepithelien	1967
Analpathologie	1969
Pathologische Anatomie endokrin wirksamer Tumoren	1971
Kommentar zu „Apudome"	1975
Trichinen und Trichinose	1975
Darmdivertikel und Komplikationen	1976
	1981
	1983
„Marisken"	1979
Verschlußikterus aus benigner und maligner Ursache	1981

Zu den schönsten Beobachtungen meines Freundes BECKER gehört die *Chorda muscularis* des menschlichen Herzens. Wer hätte nicht schon hypertrophische Herzen seziert, bei denen die Klinik eine Mitralinsuffizienz diagnostizierte, welche aber nicht – auch nicht mit Hilfe der „linearen Herzmessung"

Tabelle 11. Allgemeine Morphologie und Philosophie

Der Kreislauf in der Leber	1955
Leberstruktur und Blutkreislauf	1956
Anatomische Bemerkungen zur Technik der typischen Leberresektion	1957
Texturelle perinatale Leberreifung	1963
Mechanismus der Reifung fetaler Organe	1962
Form, Gestalt, Plastizität	1973
Gastroenterologie und Stoffwechsel, Aktionen und Interaktionen	1974
Formänderungen der Leber	1979
Naturwissenschaft und theoretische Pathologie im 19. sc	1968
Todesursache als Summationsphänomen	1977
Die Krankheit, – klinisch-pathologisch	1977
Diagnose und Prognose als Grundlage der Krankheitslehre	1979
Theoretische Pathologie als Matrix einer modernen Grundlagenforschung	1980
Koordinierung der Blickfelder, Klinik und Pathologie	1980
Der Einzelne und die Krankheit	1983

nach Eugen Kirch – nachgewiesen werden konnte! Wer *sehen* kann, findet einen muskulären Sehnenfaden, der bei jeder Systole die Mitralis aufreißt und das Herz zwingt, unökonomisch zu arbeiten.

Eine frühe Beobachtung Beckers, die grundsätzlich hätte weiterverfolgt werden müssen, betrifft das, was er *Elasticodiairesis* nannte. Elastische Fasern etwa der Unterhaut, oder der Lunge bei Hamman-Rich-Syndrom, oder der Arterienwand bei Horton's disease werden zerschlagen, die Splitterchen in Riesenzellen eingeschlossen und abgebaut. Was hierbei im einzelnen geschieht, ist unbekannt. Während die Typologie des Kollagen gut durchgearbeitet ist, weiß man von der Biochemie der elastischen Fasern wenig. Ich wage zu behaupten, daß es kein Aortenaneurysma gibt ohne Zerstörung der elastischen Fasern!

Wer unseren Jubilar kennt, weiß um seine Neigung, Befunde und Befundgruppen zum *Gegenstand historischer oder philosophischer Abwägungen* zu machen (Tabelle 11). Aus Beckers Feder stammt die gedankenreiche Abhandlung „Form, Gestalt und Plastizität". Er versteht unter der „Plastizität" der Organe die Variationsbreite der Ausformung der Organe. Fakultative Faktoren können zu einer spielerischen Fülle von Gestalten führen. Die Leber bildet hierfür ein von Becker bevorzugtes Beispiel. In der Antike habe man die Form der Leber – etwa der Opfertiere – als Sprachrohr der Götter, als Zeichen himmlischer Fügung verstanden. Die etruskische Leber in Piacenza (Abb. 3) galt als Beispiel eines Lehrmodelles der Haruspices. Natürlich findet der Obduzent der Gegenwart immer wieder eigenartig deformierte Lebern seiner Patienten (z. B. mit Raumfaltenmembranen bei chronischem Lungenemphysem). *Aber,* so schreibt VB, wir haben die Sprache der Götter durch die Organdeformierung verloren und können leider auch nicht die etruskischen Schriftzeichen lesen.

Das *historische Bedürfnis* des Jubilars (Tabelle 12) stellt ein belebendes Element in seinem Arbeitstag dar. Er möchte nichts tun, ohne die Entstehungsgeschichte einer Aufgabe oder eines Sachverhaltes zu kennen. Er hat die

Tabelle 12. Geschichte und Geschichten. Arbeiten historischen Inhaltes

200 Jahre seit Morgagnis De sedibus et causis morborum	1961
Das Pathologische Institut der Städtischen Krankenanstalten Karlsruhe	1969
Paul Langerhans, 100 Jahre nach seiner Doktorarbeit	1970
Genius loci gastroenterologicus Erlangiensis	1973
Geschichte des Lehrstuhls Pathologische Anatomie Erlangens	1974
Entdeckungsgeschichte Trichinen und Trichinosis	1975
Rudolf Virchow als Prähistoriker	1977
Pathologie in Erlangen	1977
Carl Ruge. 100 Jahre Stückendiagnose	1970
Friedrich Hermann Ludewig Muzell, Leibarzt Friedrichs d. Großen	1984

Geschichte seiner Arbeitsplätze, der Fakultäten, denen er angehörte, Leben und Leistung der gekrönten Häupter unseres Faches, aber auch die Entdekkungsgeschichte einer heute und bei uns kaum mehr vorkommenden Krankheit, der Trichinose, erforscht.

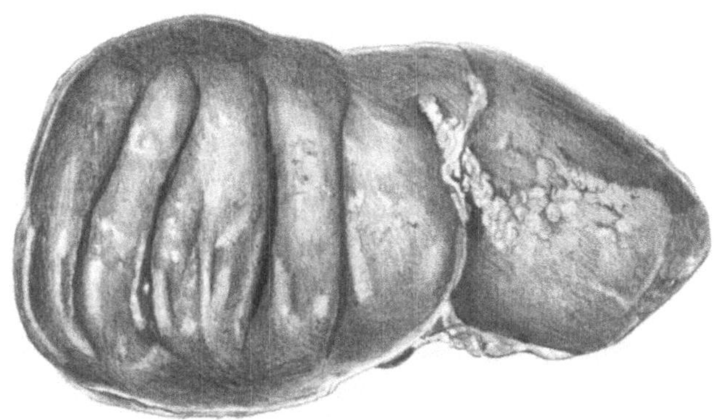

Abb. 3

Tabelle 13. Technik, Unterricht, Diagnostik

Sektionstechnik der Halswirbelsäule	1959
Archivgestell für anatomische Präparate	1967
Stereoscan, ein neues Elektronenmikroskop	1968
Die klinisch-pathologische Konferenz	1974
	1979
	1984
Der lehrreiche Fall	1978
Diagnose und Prognose als Grundlage der Krankheitslehre	1979
Die histologische Diagnostik an Leberpunktaten	1960
	1961
Dünndarmdiagnostik	1970
Lungenembolien werden viel zu oft übersehen	1986

Tabelle 14. Obduktionswesen

Problemorientierte Autopsie	1981
Lernen aus dem Autopsiebefund	1981
Die Autopsie bringt es an den Tag	1982
Wozu noch Obduktionen?	1986
Die klinische Obduktion	1986

Was man heute weniger bedenkt, ist BECKERS Engagement auf dem *Gebiet des Unterrichts, der Sektionstechnik, der diagnostischen Bemühungen* (Tabelle 13). Eine seiner interessantesten Studien wurde im Sektionssaal durchgeführt. Er entwickelte eine *Technik zur Darstellung der Halswirbelsäule* in ihrer topischen Bindung an den Clivus Blumenbachi. Ich kenne keine Methode, die in der Hand des Geübten Besseres leisten würde. Denken Sie daran, wie wichtig und wie schwierig es sein kann, die A. vertebralis richtig darzustellen oder Veränderungen der Halswirbelkörper situationsgerecht zu erfassen. Ich weiß nicht, ob Sie wissen, daß VB auch an der Entwicklung der *rasterelektronenmikroskopischen Untersuchungen* lebhaften Anteil hatte. Im Großen und im Kleinen, es gab nichts, das er nicht erfaßt, weiterentwickelt und für sein Tagewerk zu nutzen verstanden hätte.

Schließlich darf ich zwei Zusammenstellungen (Tabelle 14, Tabelle 15) bringen. In einer Zeit, die reich an Fehleinschätzungen sogenannter Persönlichkeitswerte ist, nimmt die Anzahl der klinischen Obduktionen leider ab. Die tieferen Ursachen sind komplexer Natur.

Ich habe Ihnen einiges zugemutet. Viae inviae, werden Sie seufzen, weglose Wege!

Raum und Zeit sind zwei Aspekte derselben Erscheinung. Das wissen die Pathologen am besten. Sie waren und sind noch immer wie die Vergilischen Menschen, denn sie haben eschatologische Erwartungen und, – was ihr Dienst am Nächsten angeht –, messianische Hoffnungen.

Zeit und Raum sind die Grundgegebenheiten, von denen das Dasein des Menschen und der menschlichen Gesellschaft im Ductus unseres Lebens

Tabelle 15. Zum Selbstverständnis des Pathologen

Aufgaben und „Nebentätigkeit" des Pathologen	1978
Koordinierung der Blickfelder	1980
Der Pathologe als Partner	1983
Pathologe und Kliniker	1983
Pathologe und Internist	1985
Die „unpassende" Medizin	1986

bestimmt wird. Oft scheint es, als habe unser flüchtiges Geschlecht durch sein Tempo die Zeit, durch seine Aktualitätssucht seine Vergangenheit verloren. Wir schweifen aus in exotische und interplanetarische Räume, – aber wir bezahlen das mit einer unedlen Verengerung oder einer chimärisch-substanzlosen Ausweitung unseres Zeitsinnes. Zwischen archäologischer Begeisterung und Tempokitzel eines Gegenwartmomentes haben wir Gleichgewicht und Standort verloren (E. R. CURTIUS 1930).

Hierin liegt – so meine ich – die tiefere Ursache für eine Orientierungsschwäche der aktuellen Pathologie als Wissenschaft. Sie hat den „anatomischen Gedanken" verloren, nicht in Erlangen, aber dort, wo unsere Institute zu einfachen diagnostischen Dienstleistungsbetrieben geworden sind. Der Geist der Medizin ist gar nicht leicht zu fassen. Er gleicht dem Proteus, der dem, der ihn zu fassen sucht, in vielen Gestalten entgegentritt, nur dem freilich in voller Größe, der nicht müde wird und ihn auch unter wechselnden Erscheinungsformen beharrlich aufsucht (F. MARCHAND 1882)! Und zu den Pathologen, die reinen Sinnes sind, sage ich mit VERGIL

possunt quia posse videntur
(„sie können, da sie zu können glauben")!

Wir haben VOLKER BECKER zu danken für sein großes Beispiel, seinen nie versagenden guten Willen, für die außerordentliche Zahl gediegener Erkenntnisse. Wenn Sie *mich* fragen, worin *ich* BECKERS Specificum erblicke, antworte ich ohne Zögern

virtute superare,

er hat uns gezeigt, wie man durch Lauterkeit und Mut die Schwierigkeiten dieser Welt überwindet. Möge er gesund bleiben, möge er die Kraft aufbringen, derlei auch in aller Zukunft zu leisten!

Gestaltwandel der Pathologie unter dem Aspekt des Wasser- und Elektrolytwechsels

G. Brandt

Die „Gestalt" des Wasserwechsels ist dem Morphologen nicht unbedingt gegenwärtig, obwohl sie bereits in der Genesis (1. Buch Moses 1.1,6) als Voraussetzung der Entstehung des Lebens bezeugt wird: „Es werde eine Feste zwischen den Wassern und die sei ein Unterschied zwischen den Wassern".

Mit diesen Worten wird die Wassergestalt der lebenden Zelle treffend beschrieben. Durch biologische Elementarmembranen werden Räume ganz unterschiedlicher stofflicher Zusammensetzung abgegrenzt: der Intra- vom Extrazellulärraum.

Im wäßrigen Milieu des Zellbinnenraumes werden durch aktive Stoffwechselvorgänge in der Zellmembran im sogenannten Fließgleichgewicht unterschiedliche Elementkonzentrationen aufrecht erhalten. Das Zellwasser besitzt charakteristische Mineralkonzentrationen mit hohen Kalium- und Magnesium- und niedrigen Natrium- und Kalziumwerten gegenüber der extrazellulären Flüssigkeit (Kaufmann 1972), die in ihrer Zusammensetzung dem Meerwasser als dem Ursprung des Lebens ähnelt. Obwohl theoretisch ein „reiner" Wasserwechsel diskutiert wird (Minkoff und Damadian 1976, Ling 1969, Cope 1980), erscheint es aus praktischen Gründen auch heute noch sinnvoll, an der Verknüpfung des Wasser- und Elektrolytwechsels durch den osmotischen Druck festzuhalten (Metze und Brandt 1984).

Störungen der Wasser-Elektrolyt-Balance in einer Zelle können durch Veränderungen ihrer Umwelt (Abb. 1) oder durch interne, zelleigene Fehlregulationen induziert werden. Bei einer Verminderung des osmotischen Druckes in der Umgebung einer Zelle kommt es durch osmotisch bedingte Wasserverteilungen zwischen den Räumen zum Zellhydrops. Bei einer Vermehrung des osmotischen Druckes resultiert eine Zellschrumpfung (Darrow und Yannet 1935). Diese theoretisch zu erwartenden Zellveränderungen sind morphologisch zumeist nicht faßbar, da durch die notwendigen Präparationen die native Gestalt des Wasser-Elektrolyt-Wechsels verändert wird.

Bei einer zellinternen Störung folgt u. a. eine Dysregulation der Membranfunktion, wobei dann viele Ursachen zu einer monotonen Reaktion des Elektrolytwechsels auf verändertem Regulationsniveau führen: Kalium strömt vermehrt aus der Zelle und wird durch Natrium ersetzt. Diese Veränderungen korrelieren mit dem Ausmaß der Schädigung: Im Extremfall des Zelltodes zeigt der Ersatz des instabilen physiologischen Fließgleichgewichtes der Elektrolyte durch die stabile physikalische Elementverteilung den irreversiblen Zellschaden an (BRANDT 1975). Gleiche Bedingungen gelten auch für größere Zellverbände, in denen es praktikabel ist, durch quantitative Analysen den Wasser-Elektrolytstatus zu beschreiben.

Durch solche Analysen können wir sowohl im Tierexperiment (ZUGIBE et al., 1972) als auch bei der praktischen Anwendung im Sektionssaal (ALEXANDER et al., 1950; MEISTER und FISCHER, 1966; ZUGIBE et al., 1966) einen Herzinfarkt durch die Umkehr des Kalium-Natrium-Quotienten bei gleichzeitigem kritischem Abfall der Magnesiumkonzentrationen im Gewebe nachweisen, wobei mineralanalytisch diese Veränderungen schon ca. eine Stunde nach Eintritt der Ischämie zu beobachten sind (Abb. 2).

Hierzu ein Beispiel mit Bezug zum Gestaltwandel der Krankheitsbilder: Nach einer aus operationstechnischen Gründen ungewöhnlich langen Ischämiezeit bei der Korrektur eines kindlichen Herzfehlers gelingt es bei einem 5-jährigen Jungen nicht, postoperativ ein ausreichendes Auswurfvolumen zu erlangen. Nach zwei Stunden dauernder Reanimation werden die Wiederbelebungsbemühungen abgebrochen. Bei morphologisch unauffälligem Befund findet man im Gesamtgewebsionogramm des linken Herzventrikels die typische Konstellation wie bei einem Myokardinfarkt. Eine solche isolierte Gewebsläsion – bei normalem Gewebsionogramm in den übrigen Organen – beweist eine irreversible, hier iatrogen ausgelöste ischämische Schädigung des linken Herzventrikels.

Auch bei quantitativ geringer ausgeprägten Elektrolytverschiebungen kann das Gesamtgewebsionogramm des Herzmuskels für die kausalpathogenetische Deutung eines Herzversagens herangezogen werden (JANSEN, H. H. 1962).

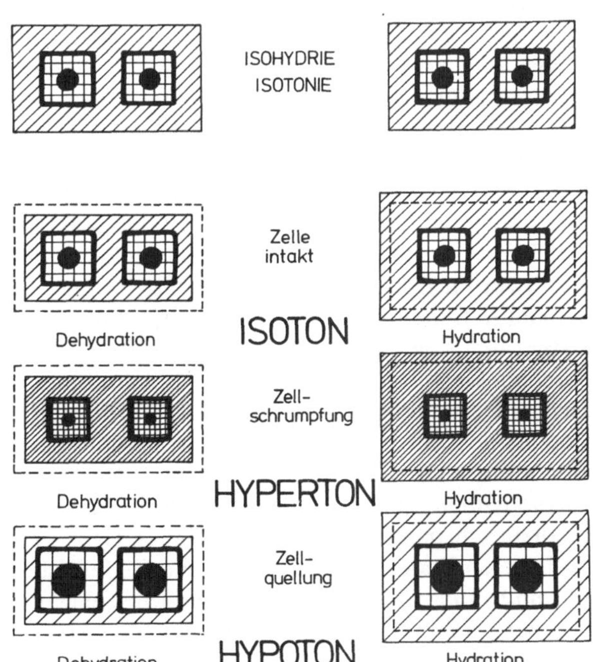

Abb. 1. Veränderungen der Zelle im Gewebsverband bei Störungen der Homoiostase im Extrazellulärraum: unveränderte Zelle bei isotoner, Zellschrumpfung bei hypertoner und Zellquellung bei hypotoner Regulationsstörung

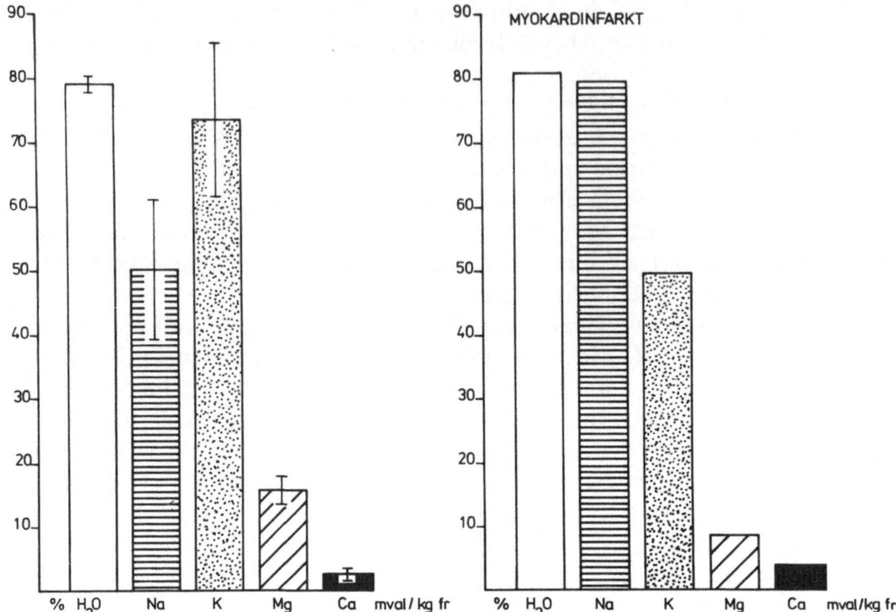

Abb. 2. Gegenüberstellung des „Gesamtgewebsionogramms"' des linken Herzventrikels bei postmortaler Analyse: Umkehr des Kalium-Natrium-Quotienten und „kritischer" Abfall der Magnesiumkonzentration im Myokardinfarkt im Vergleich mit einem Kollektiv von Verstorbenen ohne Hinweiszeichen auf eine koronare Herzerkrankung und Elektrolytwechselstörungen zu Lebzeiten

Das Konzept der Myokardose (Doerr 1951) basiert auf einer seitendifferenten Feinstruktur der rechten und linken Herzkammer und zeigt in typischen Fällen – etwa einer ikterischen Myokardose bei Leberausfallskoma – eine wesentlich stärkere Störung der Elektrolythomoiostase in der rechten als in der linken Herzmuskulatur (Jansen 1962). Mit solchen Gesamtgewebsionogrammen der Herzmuskulatur können bei natürlichen Krankheitsverläufen die morphologisch häufig unzureichend erklärbaren Zeichen eines Rechtsherzversagens plausibel gemacht werden. Der Elektrolytstatus des rechten Herzventrikels gleicht bei solchem metabolisch ausgelöstem Rechtsherzversagen dem einer rezidivierten Lungenembolie (Jansen 1962).

Heute finden wir bei klinischen Obduktionen unter dem Einfluß der Intensivtherapie eine „Verwässerung" der theoretisch zu begründenden charakteristischen Gewebsionogramme bei ischämischer Linksherz- und metabolischer Rechtsherzschädigung. Durch die Überführung der normalen, offenen Regulationen des Stoffwechsels in ein geschlossenes System mit kontrollierter Beatmung und Substitution des Säure-Basen- und Elektrolytwechsels werden solche frühen „diagnostischen" Veränderungen häufig überlagert. Bei intensivmedizinisch betreuten Patienten fanden wir bei verschiedenen morphologisch definierten Todesursachen eine nahezu identische Elektrolytverteilung im rechten und linken Herzventrikel. Auch bei extrakardialen Todesursachen fanden wir vergleichbare Elektrolytverteilungsmuster nach durchgemachter Intensivtherapie (Brandt et al., 1976).

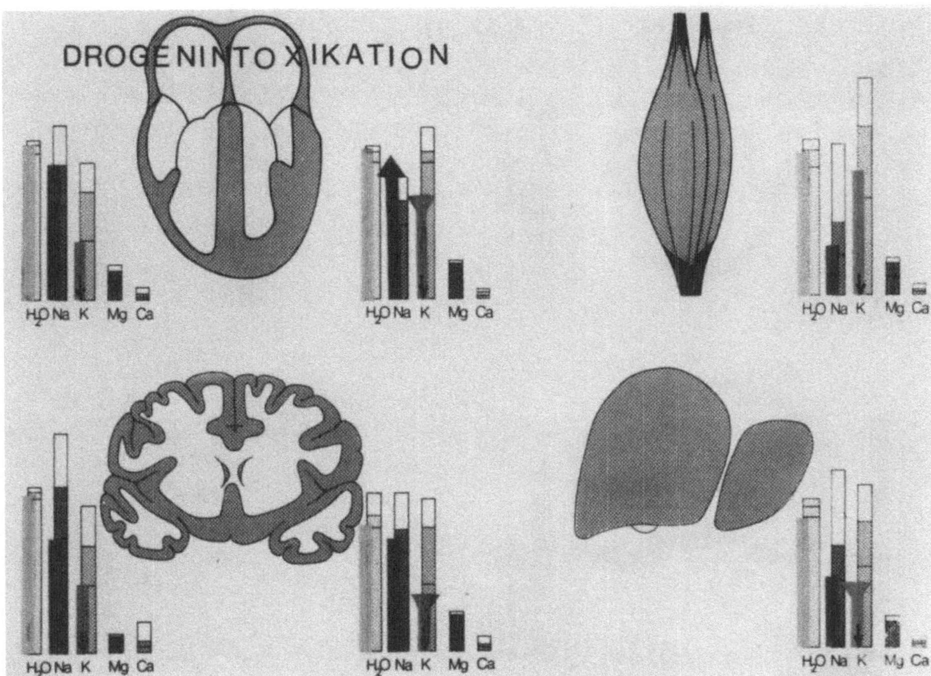

Abb. 3. Kalium-Natrium-Quotient im linken Herzventrikel wie bei akutem Myokardinfarkt (Abb. 2), aber: Kaliummangel bei niedrigen Natriumwerten und Wasserkonzentrationen in den übrigen Organen: Hypokalie des Gesamtorganismus

Schwierigkeiten in der Beurteilung örtlicher Wasser-Elektrolyt-Störungen können auch darin begründet sein, daß systemische Veränderungen solche topischen Befunde überlagern. In tierexperimentellen Untersuchungen (BRANDT und LOTTNER 1977) konnten wir zeigen, daß systemische Wasser-Elektrolytstörungen im Gewebsionogramm dadurch aufgedeckt werden, daß in verschiedenen Organen simultan gleichsinnige Veränderungen vorliegen. Dabei kann das Ausmaß der Wasser-Elektrolytverschiebungen in den verschiedenen Organen erheblich variieren.

Betrachtet man das Gewebsionogramm der linken Herzkammer in Abb. 3 allein, findet man eine Umkehr des Kalium-Natrium-Quotienten, wie es oben als typisch für den Myokardinfarkt beschrieben wurde (Abb. 2). Das Gewebsionogramm stammt von einem „Drogentoten“, der durch den sog. goldenen Schuß ad exitum kam. Beim Vergleich der örtlichen mit den Elektrolytwerten der anderen Organe fällt dann aber eine generalisierte Kaliumverarmung auf: die Hypokalie der linksventrikulären Herzmuskulatur ist also hier nur ein Zeichen eines massiven allgemeinen Kaliummangels, der auch wesentliche Bedeutung für den Todesmechanismus haben dürfte. Diese Komplikation der Opiatintoxikation wird bisher in der Literatur nicht erwähnt (RUSSI 1986).

Bei natürlichen Krankheitsverläufen ist der systemische Verlust von Wasser und Elektrolyten im offenen Regulationssystem typisch (TRUNIGER 1971), sodaß bei schicksalsmäßig und ohne therapeutische Eingriffe verlaufenden,

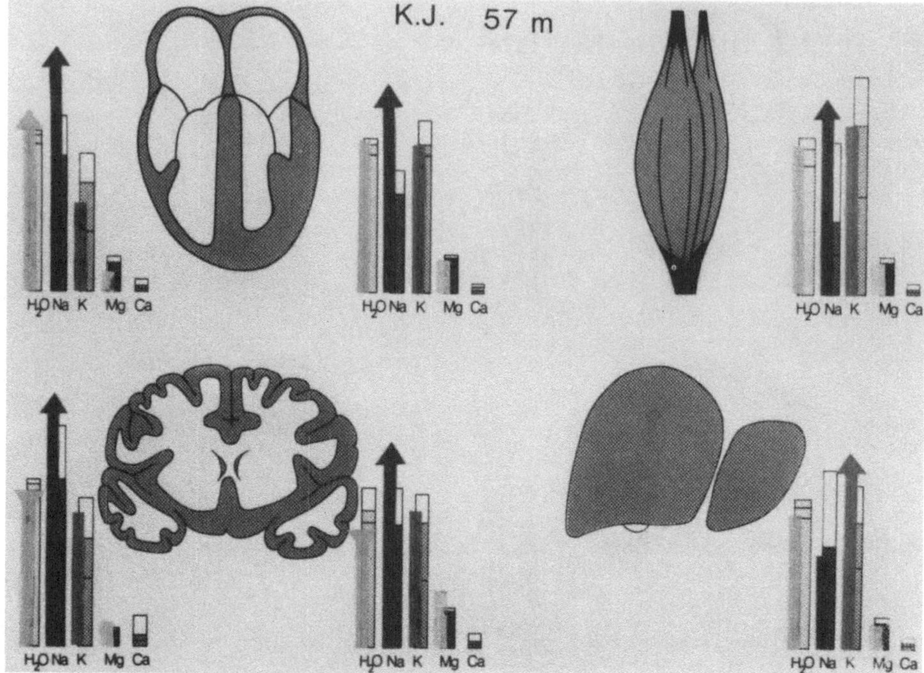

Abb. 4. Hypertone Dehydratation, partiell therapiert: Wassermangel, erhöhte Natriumkonzentrationen und normale Kaliumkonzentrationen in allen Gewebsproben, vermehrte Wassereinlagerung im rechten Herzventrikel

insbesondere fieberhaften Erkrankungen zumeist ein systemischer Wassermangel mit dem klinischen Bild der Exsikkose resultiert. Mineralanalytisch bleibt bei einer solchen isotonen Dehydratation das Gesamtgewebsionogramm durch Mobilisierung von Wasser durch das Einschmelzen der Fettdepots erstaunlich gut kompensiert.

Bei klinischen Obduktionen nach der heute üblichen Intensivtherapie findet man als Folge der üblichen Infusionsbehandlung im Rahmen des terminalen Kreislaufversagens eine Überwässerung mit Ödemeinlagerungen in die Organe als Zeichen einer zumeist isotonen Hyperhydratation.

Systemische Wasser-Elektrolyt-Störungen mit Veränderung der Osmolarität, die auch Bedeutung im Todesmechanismus bekommen, sind morphologisch bei der Autopsie zumeist nicht, wohl aber durch das Gewebsionogramm diagnostizierbar.

Dies soll an *zwei Beispielen* erläutert werden:

1.: Ein *57-jähriger Mann* erleidet nach einer Ösophagusresektion wegen eines Plattenepithelkarzinoms ein akutes Nierenversagen. In der polyurischen Phase scheidet er 25 l Urin in 24 Stunden aus, die wegen einer kardialen Insuffizienz nur zu einem Bruchteil parenteral ersetzt werden können. Morphologisch ist der Tod des Patienten nicht schlüssig erklärbar. In den postmortalen Gewebsionogrammen (Abb. 4) findet man in allen Organen eine massiv erhöhte Natriumkonzentra-

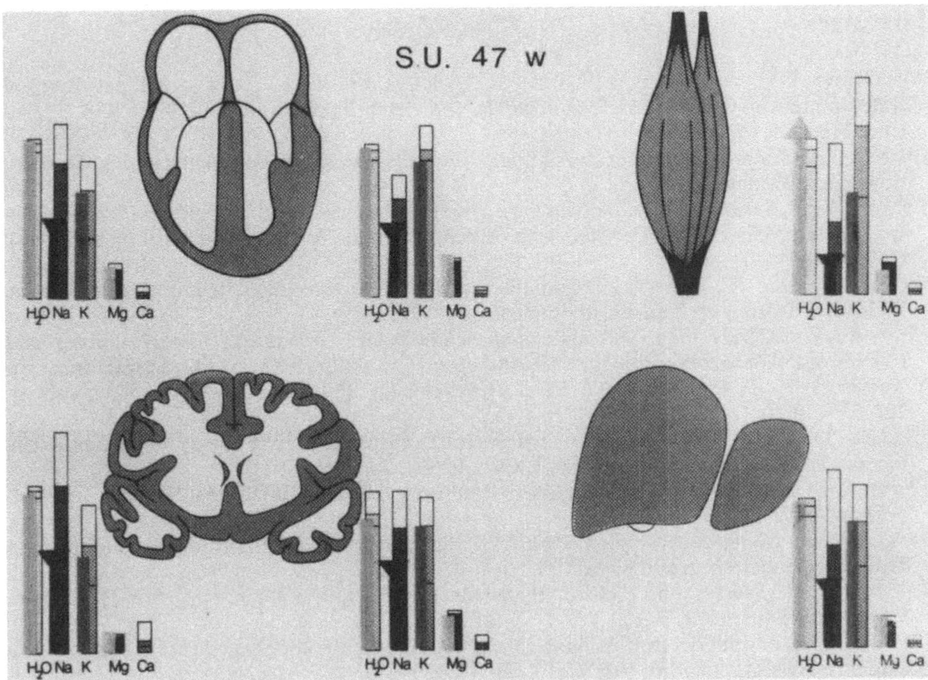

Abb. 5. Generalisierter Natriummangel mit hypotoner Regulationsstörung in allen untersuchten Gewebsproben: Befunde bei einer akuten Addison-Krise nach abrupt abgesetzter langzeitiger Kortikoidtherapie

tion bei normaler Kaliumkonzentration und unterschiedlichem Wassergehalt. Diesen Befund interpretieren wir als partiell therapierte systemische hypertone Dehydratation mit deutlichen Zeichen der Grunderkrankung im Gehirn und Veränderungen durch die Infusionstherapie mit einer Wassereinlagerung insbesondere in das Myokard der rechten Herzkammer.

2.: Bei einer *47-jährigen Patientin* wurde ein Kniegelenksempyem stationär behandelt. Die Patientin verstarb trotz massiver antibiotischer Therapie aus zunächst unklarer Ursache. Die Organbefunde waren bis auf verschmälerte Nebennierenrinden bei der Autopsie unauffällig. Mineralanalytisch (Abb. 5) fallen in den meisten Organen erniedrigte Natriumkonzentrationen bei normalen Kalium- und Wasserwerten auf.

Dieser Befund ist als systemische hypotone Regulationsstörung mit allgemeinem Natriummangel zu interpretieren. Wie wir recherchieren konnten, wurde bei der Patientin eine wegen des Verdachtes auf eine rheumatische Synovialitis langfristig durchgeführte Kortikoidtherapie im Verlaufe einer Krankenhausverlegung abrupt abgebrochen, sodaß sich der dramatische Gestaltwandel des Wasser-Elektrolyt-Wechsels als iatrogen verursachte Addison-Krise erklären ließ.

Der Gestaltwechsel der Pathologie des Wasser-Elektrolyt-Wechsels ist somit ein Spiegel der veränderten therapeutischen Konzepte insbesondere durch die sog. Intensivmedizin.

Literatur

ALEXANDER, L.C., A.J. BOYLE, L.T. ISERI, R.S. MCCAUGHEY und G.B. MYERS: Electrolyte und water content of cardiac muscle in normals, ventricular hypertrophy and infarction. J. Lab. Clin. Med. *36,* 796. (1950)

BRANDT, G.: Quantitative Mineralpathologie. Grundlagen, Methoden, Anwendung. Habilitationsschrift Erlangen 1975

BRANDT, G., P. SASSE und W. GUNSELMANN: Mineralgehalt und Morphologie der Herzmuskulatur bei unterschiedlicher Todesursache. Virchows Arch. A Path Anat Histo *369,* 335–345 (1976)

BRANDT, G. und K. LOTTNER: Organmineralgehalt bei experimentell induzierten Wasser-Elektrolyt-Störungen. Infusionstherapie *4,* 134–139 (1977)

COPE, F. W.: Obervoltage and solid state kinetics of reactions at biological interfaces. Cytochromoxidase, photobiology and cation transport theory of heart disease and cancer. In: Keyzer, H.F., F. Gutman (eds.) Bioelectrochemistry. Plenum Publ. Corp. New York, p. 297–329 (1980)

DARROW, D.C. und H. YANNET: The changes in the distribution of body water accompanying increase in extracellular electrolytes. J. Clin. Invest. *14,* 266–275 (1935)

DOERR, W.: Über die Ursachen bestimmter Formen sog. kardialer Rechtsinsuffizienz. Z. Kreisl.-Forsch. *40,* 92–98 (1951)

JANSEN, H.H.: Myokardosestudien. Pathoklise der Herzkammern auf Grund seitendifferenter Struktureigenheiten. Arch. Kreislauff. *37,* 1–87 (1962)

KAUFMANN, W.: Wasser- und Elektrolythaushalt. In: Pathophysiologie. Hrsg. von H. E. Bock. Stuttgart: Thieme 1972, S. 163

LING, G.N.: A new model for the living cell: a summary of the theory and recent experimental evidence in its support. Int. Rev. Cytol. *26,* 1–61 (1969)

MEISTER, H. und W. FISCHER: Über Mineralanalysen am Herzmuskel bei postoperativen Todesfällen. Zbl. All. Path. *109,* 240–244 (1966)

METZE, K. und G. BRANDT: Pathologie der Hyperosmolarität Dustri: München–Deisenhofen 1984, S. 5

MINKOFF, L. und R. DAMADIAN: Biological ion changer resins: X. The cytotonus hypothesis: biological contractility and total regulation of cellular physiology through quantitative control of cell water. Physiol. Chem. Phys. *8,* 349–387 (1976)

RUSSI, E.W.: Opiatmißbrauch. Medizinische Komplikationen. Stuttgart: Fischer 1986

TRUNIGER, B.: Wasser- und Elektrolythaushalt. 3. Aufl. Stuttgart: Thieme 1971

ZUGIBE, F.T., P. BEIL, T. CONLEY und M.L. STANDISH: Determination of myocardial alteration at autopsy in the absence of gross and microscopic changes. Arch. Path. *81,* 409–411 (1966)

ZUGIBE, F.T., T.L. CONLEY, P. BELL und M.L. STANDISH: Enzyme decay curves in normal and infarcted myocardium. Arch. Path. *93,* 308–313 (1972)

Blei- und Cadmiumbelastung des Menschen im Wandel der Umwelt

H.-J. Pesch

Die in den letzten Jahrzehnten weltweit rapid zunehmende Industrialisierung hat zu einer steigenden und mittlerweile bedrohlichen Schadstoffbelastung unserer Umwelt geführt. Schlagwörter wie „saurer Regen“ und „Waldsterben“ deuten auf ursächliche Zusammenhänge hin, ohne bislang eine zwingende Beweiskette darzustellen (Pesch, 1984). Weder der Einfluß der wesentlichen Schadstoffe, wie Schwefeldioxid, Stickoxide und Schwermetalle noch mögliche Interaktionen sind schlüssig bekannt (Pesch et al., 1988e).

Blei (Pb) und Cadmium (Cd) kommen *natürlich* ubiquitär in der Erdkruste vor. Mittlerweile wird Pb in weiten Bereichen von Industrie und Petrochemie, überwiegend jedoch als Antiklopfmittel im Kfz-Treibstoff, verwendet. Die Welterzeugung von Pb stieg dabei von 1962 mit 2,5 Mio. auf 3,6 Mio. Tonnen im Jahr 1977 an. – Cd dagegen wird bei Verbrennung fossiler Brennstoffe, wie Braun- bzw. Steinkohle in Industrie, Großfeuerungsanlagen und Privathaushalten, bei der Eisen- und Nichteisen-Metallverhüttung, durch Müllverbrennungsanlagen emittiert, gelangt aber auch durch Cd-haltige Abwässer, Phosphatdünger, Klärschlamm sowie durch industrielle Produktion und Verarbeitung in die Umwelt. Während die Welt-Cd-Produktion im Jahre 1900 noch 14 t betrug, erreichte sie im Jahre 1969 ihr Maximum mit über 17000 t (UBA, 1977).

Durch diese Umverteilung gelangen Pb und Cd *anthropogen* in die Atmosphäre und infolge Trocken- bzw. Naßdeposition in die terrestrische und aquatische Umwelt (Stoeppler, 1984), wodurch sie über Nahrungskette und Atmung in menschliche, tierische und pflanzliche Organismen aufgenommen werden können (Pesch et al., 1988e).

Eine zuverlässige Aussage über den Pb- bzw. Cd-Gehalt und damit einer möglichen *chronischen* Pb- bzw. Cd-Verseuchung des menschlichen Organismus ist grundsätzlich durch postmortale Untersuchungen mittels Zeeman-Atomabsorptionsspektroskopie (AAS) möglich (Kurfürst, 1983).

Als erste Bestandsaufnahme wurden *1981* und zum Vergleich und als Basis für Hochrechnungen *1985* jeweils bei 100 Verstorbenen aus dem Raum Franken in Abhängigkeit von Alter, Geschlecht und Rauchgewohnheiten der Pb- und Cd-Gehalt verschiedener Organe bestimmt, die in ihrer Funktion bei Atmung, Stoffwechsel und Ausscheidung direkt bzw. indirekt mit Pb und Cd in Kontakt kommen. Bei den 1981 Verstorbenen handelte es sich um 3 Säuglinge, ein Kleinkind sowie 32 Frauen und 64 Männer im Alter von 22 bis 88 Jahren (n = 96), bei denen – zur Vermeidung einer Sekundärkontamination – mittels

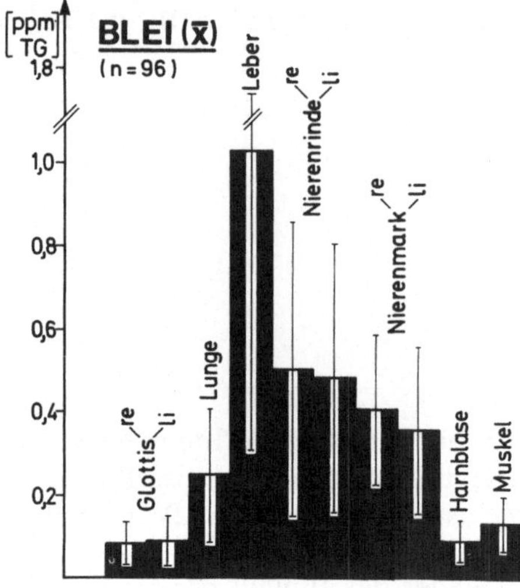

Abb. 1. Mittelwerte($\bar{x}$) und Standardabweichungen (s) der Pb-Konzentrationen [*ppm TG*] in Abhängigkeit von einzelnen *Geweben* bzw. *Organen* ($n = 96$)

eines Titanbesteckes aus 6 Organen Gewebe von 10 definierten Stellen (Abb. 1 u. 2) entommen wurde.

Bei den 1985 Verstorbenen wurde bei 40 Frauen und 60 Männern im Alter von 20 bis 89 Jahren Gewebe aus Leber, Nierenrinde, Nierenmark und Femur (jeweils rechts) untersucht. Das unfixierte Gewebe wurde in Quarztiegeln zerkleinert, im Trockenschrank bei einer Temperatur von 70 °C bis zur Gewichtskonstanz durchschnittlich 25–30 h getrocknet und anschließend mit Hilfe des Titanbesteckes homogenisiert. Die quantitative Analyse erfolgte als Festkörper ohne chemischen Aufschluß mit dem Zeeman AAS GRÜN SM 1. Bei dieser direkten Analyse werden die Verfahrensschritte auf das absolut notwendige Minimum reduziert, wodurch einerseits die Gefahr sekundärer Kontaminationen sowie zufälliger und systematischer Aufschlußfehler vermindert, andererseits eine deutliche Zeit- und Kostenersparnis erreicht werden (Kurfürst u. Grobecker, 1982). Als Eichparameter dienten Metall-Lösungen und Feststoffstandards.

Anhand von Krankenunterlagen und mit Hilfe der Befragung von Verwandten wurden retrospektiv die Rauchgewohnheiten der Verstorbenen geklärt und eine berufliche Pb- bzw. Cd-Exposition ausgeschlossen. Die Ergebnisse und anamnestischen Angaben wurden statistisch ausgewertet.

Die geringste *Pb*-Konzentration findet sich *1981* in der Glottis mit etwa 0,1, die höchste in der Leber mit 1,0 ppm TG[1].

Gewebs- bzw. organabhängig steigt sie über Glottis beidseits, Harnblase, Skeletmuskel, Lunge, Nierenmark und Nierenrinde beidseits und Leber an (Abb. 1). Dabei liegt sie in der Leber meistens um den Faktor 10 höher als in

[1] Aufgrund der Trocknung der Gewebsproben und der Feststoffmessungen sind die Pb- und Cd-Konzentrationen in µg/g Trockengewicht (TG) Gewebe prinzipiell in ppm (parts per million) TG angegeben.

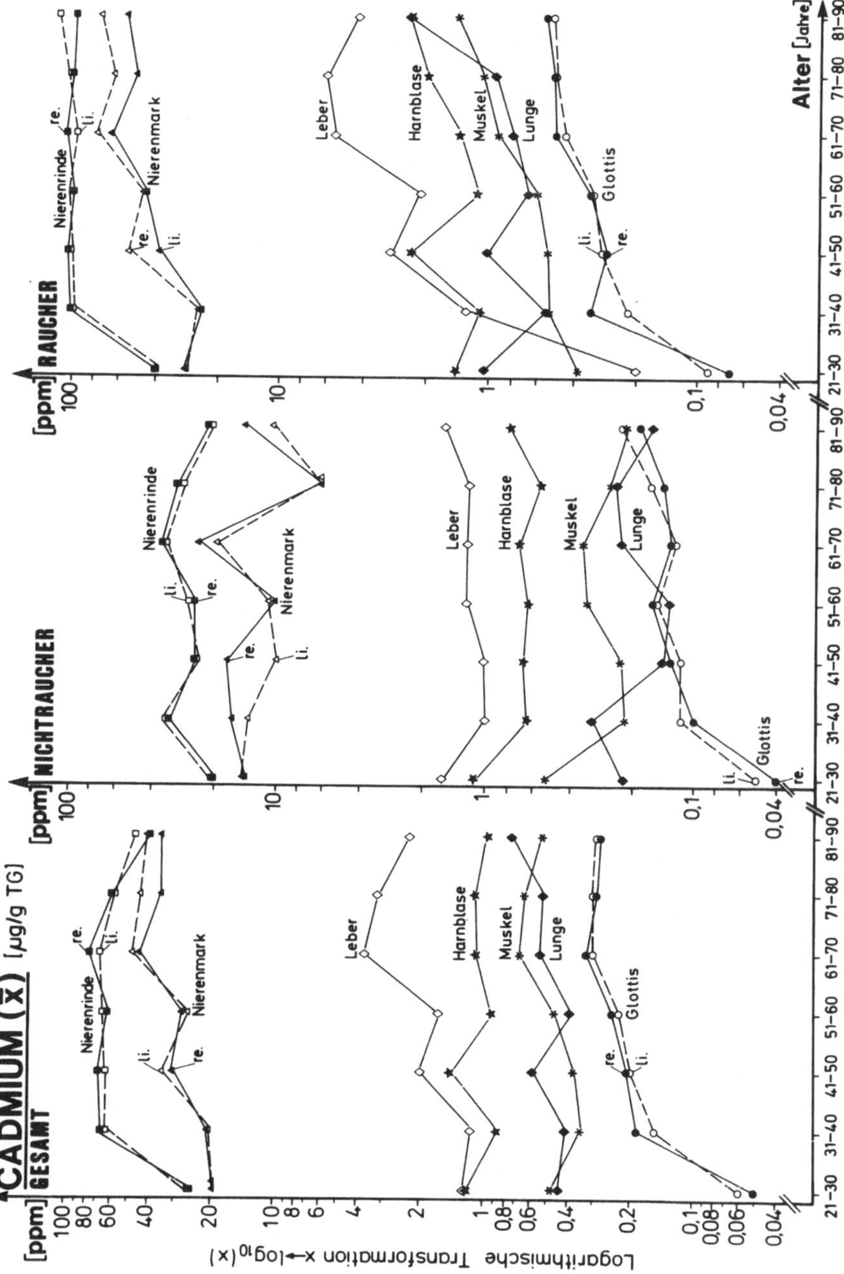

Abb. 2. Logarithmische Transformation der Mittelwerte der Cd-Konzentrationen der einzelnen Organe in Abhängigkeit von *Alter* und *Rauchgewohnheiten* (*n-gesamt* = 96)

der Glottis. Keine signifikante Abhängigkeit der mittleren Pb-Konzentrationen besteht dagegen von Alter, Geschlecht und Rauchgewohnheiten. Bei den 3 Säuglingen bzw. dem Kleinkind liegen die Pb-Konzentrationen für alle untersuchten Organe zwischen 0,01 und 0,1 ppm TG.

Die niedrigste *Cd*-Konzentration findet sich in der Glottis beiderseits mit 0,01 ppm Trockengewicht (TG), die höchste in der Nierenrinde beiderseits mit 263,7 ppm TG (Abb. 2). Etwa gleich niedrige Werte wie in der Glottis wurden in Lunge, quergestreifter Skeletmuskulatur und Harnblase, um eine Zehnerpotenz höhere in der Leber gemessen. Im Nierenmark beidseits waren die Werte halb so hoch wie in der Nierenrinde. Alle diese Werte sind geschlechtsunabhängig, wobei die Organkonzentrationen der über 30 bis 70 Jahre alten Verstorbenen etwa gleich hoch sind. Die Mittelwerte der Raucher sind in allen Organen dabei immer zwei- bis dreifach, in der Nierenrinde vierfach höher als die der Nichtraucher. Deutlich höhere Werte finden sich bei starken gegenüber schwachen Rauchern.

Die durchschnittlichen Cd-Konzentrationen aller untersuchten Gewebe bzw. Organe verteilen sich über insgesamt 4 Zehnerpotenzen (Abb. 2). Dabei erstrecken sich die niedrigsten Werte der Nichtraucher von 0,01 ppm TG bis 64,7 ppm TG jedoch nur über 3 Zehnerpotenzen, während die der Raucher von 0,06 ppm TG bis 263,7 ppm TG alle 4 Zehnerpotenzen umfassen. Die Zusammenfassung von Rauchern und Nichtrauchern als eine Gesamtgruppe (Abb. 2) ist unzulässig: Die hohen Cd-Werte der Raucher werden nivelliert, während Nichtraucher scheinbar gefährdet sind.

Bei den Säuglingen bzw. dem Kleinkind liegen die Cd-Werte für alle untersuchten Organe zwischen 0,01 und 1,20 ppm TG.

Die *Pb*-Konzentrationen *1985* von Leber, Nierenrinde und Nierenmark gleichen denen von 1981 (Abb. 3). Die höchste Pb-Konzentration findet sich im Femur mit 3,60 ppm TG und liegt damit 9–10 mal höher als im Nierenmark und rund 3 mal höher als in der Leber. Signifikant erhöhte Pb-Konzentrationen der Männer gegenüber den Frauen finden sich für Femur und Leber, nicht dagegen für Nierenrinde und Nierenmark. Keine signifikante Abhängigkeit der mittleren Pb-Konzentrationen besteht bei den Rauchgewohnheiten. Die Standardabweichungen bei Frauen und Männern, Rauchern und Nichtrauchern zeigen – wie 1981 – altersunabhängig ein gleiches Verhalten mit einer ausgeprägten hohen individuellen Schwankungsbreite.

Die niedrigste *Cd*-Konzentration findet sich in den Epicondylen des rechten Femur mit 0,01, die höchste in der Nierenrinde mit 260,4 ppm TG. Gewebs- und organabhängig steigt sie über die Epicondylen des rechten Femur, Leber, Nierenmark und Nierenrinde an, wobei sie in der Nierenrinde meist um den Faktor 20 höher liegt als in der Leber. Das Verhältnis der Cd-Konzentration von Nierenrinde zu Nierenmark beträgt 2,3:1.

Beim Vergleich der mittleren Cd-Konzentration der Nierenrinde von 1981 mit der von 1985 ergibt sich bei den Nichtrauchern statistisch keine, bei den Rauchern jedoch eine signifikante Zunahme (Abb. 4). Diese beträgt etwa 10%.

Blei (Pb) und *Cadmium (Cd)* werden industriell in großem Maße benötigt. 95% des Weltverbrauchs von Pb und Cd liegen bei den Industrienationen der

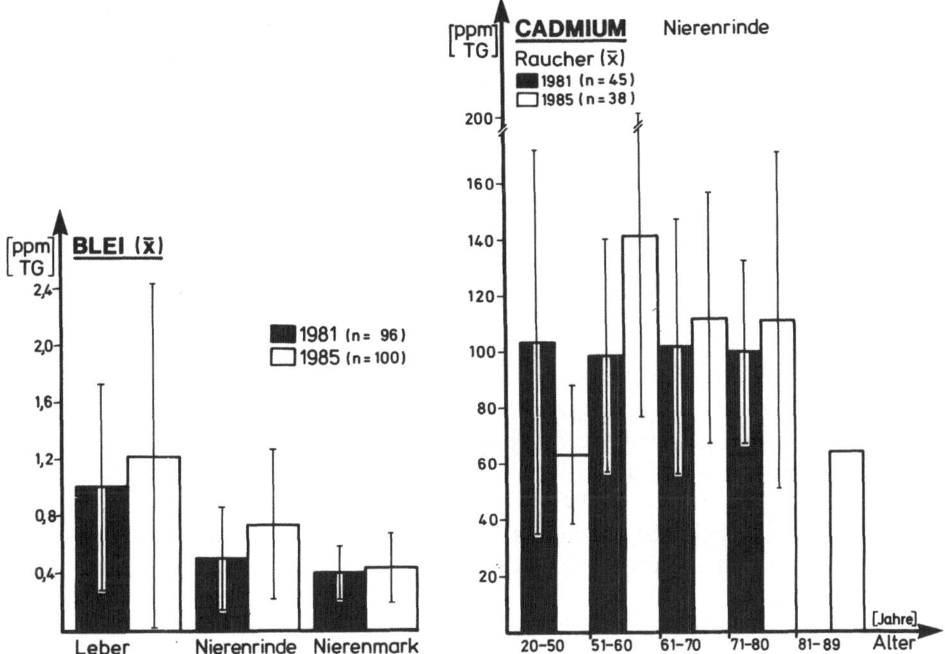

Abb. 3 *(links)*. Mittelwerte ($\bar{x}$) und Standardabweichungen (s) der Pb-Konzentrationen [*ppm TG*] von 1981 (n = max. 96) bzw. 1985 (n = max. 100) in Abhängigkeit von *Geweben* bzw. *Organen*

Abb. 4 *(rechts)*. Mittelwerte ($\bar{x}$) und Standardabweichungen (s) der Cd-Konzentrationen [*ppm TG*] von *Rauchern* der Jahre 1981 (n = 45) bzw. 1985 (n = 38)

nördlichen Hemisphäre (Teworte, 1974). Durch diese anthropogene Umverteilung gelangen beide Metalle und deren Verbindungen in die Atmosphäre (Schlipköter u. Pott, 1974; Nriagu, 1978), wobei sie vorwiegend durch Verbrennung fossiler Brennstoffe, wie Kohle und Öl, Müllverbrennungsanlagen und Pb zusätzlich durch Kraftfahrzeugverkehr emittiert werden (Schlipköter u. Popp, 1974). Emittierte Pb- bzw. Cd-Verbindungen werden an Staub gebunden, der bei Korngrößen unter 2 µm (Otto u. Pesch, 1966) als Schwebstaub nicht nur lungengängig ist, sondern auch weltweit verteilt werden kann und erst durch wäßrige Extraktion in aquatische bzw. terrestrische Ökosysteme und damit in die Nahrungskette von Mensch und Tier gelangen kann (Teworte, 1974; Wissmath u. Klein, 1981).

Die Verteilung des enteral und pulmonal aufgenommenen *Bleis* erfolgt organabhängig. Nach der Resorption im Darm gelangt Pb zunächst durch die Pfortader in die Leber. Sie enthält durchschnittlich 1,23 ppm TG und entspricht mit diesem Wert etwa dem 1981 in dieser Gegend gemessenen 1,0 ppm TG (Pesch et al., 1988a und d). Nach Verwendung des organabhängigen Umrechnungsfaktors für Naßgewicht von 0,29 (Friberg et al., 1974) liegt dieses Ergebnis im unteren Rahmen der aus anderen Untersuchungen bekannten Pb-Leber-Konzentrationen von 0,3–1,9 ppm NG (Weyrauch u. Müller, 1933;

Tompsett, 1936; Bagchi u. Ganguly, 1939; Kehoe, 1961; Gross, 1975; Sugita, 1978). Die Leber ist damit das nach dem Knochen am meisten mit Pb belastete Organ.

Als Speicherorgan für Pb schlechthin gilt der Knochen, in dem mindestens 90% des vom Organismus aufgenommenen Bleis deponiert sind. Prinzipiell weist dabei der kompakte Knochen gegenüber der Spongiosa deutlich höhere Pb-Konzentrationen auf (Strehlow, u. Kneip, 1969; Drasch, 1983). Als Ursache dafür ist die gegenüber der Diaphyse deutlich vergrößerte Oberfläche des spongiösen Knochens anzusehen, die eine Erhöhung der Kalziumaustauschwerte bewirkt. Da die Pb-Kinetik analog der des Kalziums verläuft, befinden sich an dieser Stelle vor allem leicht mobilisierbare Pb-Depots und damit wegen der mangelnden Akkumulation auch geringere Pb-Konzentrationen (Strehlow u. Kneip, 1969; Rosen, 1983). Möglicherweise werden die in dieser Gegend schon im Absinken begriffenen Blutbleispiegel einerseits durch Abbau dieses im Knochen gespeicherten Bleis und andererseits durch die nur langsam rückläufige Pb-Belastung der Böden und Nahrungsmittel noch weitgehend aufrechterhalten (Litzner et al., 1931; Weinig u. Börner, 1961; Schroeder et al., 1968; Gehlberg, 1972; Schlipköter u. Pott, 1974; Konietzko, 1979; Hecht, 1982; Sueddeutsche Zeitung, 1985). Trotzdem ist ein Absinken des oben erwähnten Fließgleichgewichtes, auch unter Einbeziehung aller anderen Organe, nach der Entwicklung in den USA und in Japan zu erwarten. So sind in den USA bzw. Japan 1967 vor der Einführung von stark bleireduzierten oder bleifreien Kraftstoffen Blutbleiwerte von 180 bzw. 210 μm Pb/l gemessen worden, 1981 dagegen in den USA nur noch 75 und in Japan 60 μg Pb/l (Friberg u. Vather, 1983). Auch in der BRD beginnt sich nach der Novellierung des Bleigesetzes 1972 und 1976 neben der Abnahme des Pb-Gehaltes der Luft zwischen 1975 und 1978 von 3,18 auf 0,69 $\mu g/m^3$ (Sinn, 1980 u. 1981) ein tendentieller Rückgang der Medianwerte der Blutbleispiegel beispielsweise von 110 μg/l 1979 auf 100 μg/l 1981 abzuzeichnen (Oxlex, 1982; Fischedick, 1983).

Obwohl Raucher gegenüber Nichtrauchern durch den Tabak inhalativ vermehrt Pb aufnehmen, findet sich entsprechend anderen Ergebnisse keine signifikante Erhöhung der Pb-Konzentrationen in den untersuchten Organen (Lehnert et al., 1967; Jones et al., 1972; Einbrodt et al., 1975; Nordman, 1975; Tola u. Nordman, 1977; Fischedick et al., 1983; Backhaus, 1986). Die inhalativ zusätzlich aufgenommene Pb-Menge scheint gegenüber der enteralen Pb-Aufnahme so gering zu sein, daß sie sich, überlagert durch die ernährungsbedingte individuelle Schwankungsbreite, sensitiv nicht nachweisen läßt.

Die Ausscheidung des inkorporierten Bleis erfolgt über Speichel, Nägel, Faeces und Urin. Nichtsdestoweniger dürften die gegen Null tendierenden Pb-Gehalte vorchristlicher gefundener Knochen aus Polen, Südbayern, Peru und den USA mit damals 5% der heute gemessenen Werte wegen der in den letzten Jahrzehnten ungeheuren anthropogenen Umverteilung kaum zu erreichen sein (Becker et al., 1968; Jaworowski, 1968; Drasch, 1983).

Cd stellt das nach Pb am häufigsten in der Luft festgestellte Schwermetall dar (UBA, 1977) und kann damit über Atmung und Nahrungskette vom Menschen aufgenommen werden. Auch als nicht-essentielles Spurenelement kommt es dennoch in verschiedenen Körperregionen in einer organ- bzw.

gewebsspezifischen Konzentration vor. Dabei stellt die Niere das Zielorgan schlechthin dar und muß als das für eine chronische Cd-Intoxikation am meisten gefährdete Organ angesehen werden (PESCH et al., 1988b u. c). Auch bei den drei, nur wenige Tage alten Säuglingen und dem Kleinkind ist Cd in den verschiedenen Organen in Konzentrationen von 0,01 bis 1,2 ppm TG nachzuweisen. Dieses Cd dürfte via Placenta aufgenommen sein, die nur eine gewisse Schranke für dieses Schwermetall darstellt. So ist der Cd-Spiegel im Neugeborenenblut durchschnittlich um 50% niedriger als im mütterlichen. Der mittlere Cd-Gehalt der Plazenta liegt mit 1,08 µg/100 g Naßgewicht (NG) ca. 10-fach höher als der im mütterlichen Blut und ist bei Raucherinnen signifikant erhöht (BUCHET et al., 1978; LAUWERYS et al., 1978a; ROELS et al., 1978b).

Die mittleren Cd-Werte in der *Nierenrinde* der 30–80jährigen sind über alle Altersstufen hin altersunabhängig weitgehend gleich hoch. Dies bedeutet, daß, unter Berücksichtigung der Zunahme der Cd-Konzentration vom Säuglings- bis zum Erwachsenenalter, alle über 30-jährigen in den letzten 10–15 Jahren durchschnittlich gleich viel Cd aufgenommen haben müssen. Diese Aufnahme steht wahrscheinlich mit dem von 1968–1977 enormen Anstieg der Cd-Produktion in der Bundesrepublik Deutschland von 432 auf 1335 t (CEC, 1981) sowie dem vermehrten Verbrauch fossiler Brennstoffe wie Braun- bzw. Steinkohle in Industrie, Großfeuerungsanlagen und Privathaushalten in Zusammenhang.

Cd reichert sich besonders stark in der Nierenrinde an und steht mit dem Nierenmark in einem mittleren Konzentrationsverhältnis von 2:1. Dieses Ergebnis stimmt mit den meisten früheren Untersuchungen weitgehend überein. Hier werden Verhältniszahlen (zit. nach FRIBERG et al., 1974) von 2,2 (GELDMACHER-V. MALLINCKRODT und OPITZ, 1968), 2,3 (ISHIZAKI et al., 1970), 2,9 (KITAMURA et al., 1970) und 1,1 bis 1,4, bei Cd-exponierten Arbeitern von 1,2 bis 1,6 (SMITH et al., 1960) zu 1 angegeben. THÜRAUF et al. (1981) fanden 1971/72, ebenfalls bei Untersuchungen im Frankenland, einen Faktor von etwa 1,5 zu 1. Da die Cd-Konzentration in der Niere von der äußersten Rinde zum Mark stufenförmig um mehr als den Faktor 2 abnimmt (LIVINGSTON, 1972), verbieten sich keilförmige Gewebsentnahmen, die eine Unterscheidung zwischen Rinde und Mark unmöglich machen. Dieser Sachverhalt ist – offensichtlich aus Unkenntnis – in den meisten früheren Untersuchungen nicht beachtet worden. Deshalb sollte der dort angegebene Gesamtgehalt der Niere mit 1,5 multipliziert werden, um etwa die Konzentration der Nierenrinde zu erhalten (FRIBERG et al., 1974; KJELLSTRÖM, 1979).

Alle in dieser Untersuchung in der Nierenrinde gefundenen Werte liegen deutlich unter dem als „kritische Konzentration“ angenommenen Wert von 200 ppm NG (WHO, 1977), von dem ab bei einer chronischen Exposition mit einer irreversiblen Nierenfunktionsstörung gerechnet wird. Diese kann sich im Frühstadium als tubuläre Nephropathie mit einer erhöhten Ausscheidung von niedermolekularen β_2-Mikroglobulinen, Gesamteiweiß, Transferrin, retinolbindendem Globulin, Aminosäuren und Glukose im Urin (BERHARD et al., 1976; KJELLSTRÖM et al., 1977; HANSEN et al., 1977; SHIGEMATSU et al., 1979; SCHALLER et al., 1980), aber auch als glomeruläre oder tubulär-glomerulär gemischte

Schädigung manifestieren. DEVULDER et al. (1975 u. 1978) konnten elektronenmikroskopisch bei einem Arbeiter mit einer Cd-Belastung der Gesamtniere von 175 µg/g NG tubuläre Schäden, aber auch glomeruläre Veränderungen nachweisen, ohne daß bei den üblichen klinischen Untersuchungen eine funktionelle Störung auffällig war. Außer niedermolekularen wurden auch hochmolekulare Proteine im Urin von Cd-Arbeitern gefunden, die auf einen glomerulären Typ der Proteinurie schließen lassen (LAUWERYS, 1982). In späteren Stadien findet sich eine interstitielle Nephritis mit einer Atrophie und Zerstörung der proximalen Tubulusepithelien, die mit Polyurie, Acidurie, Hypercalciurie und verminderter Konzentrierfähigkeit einhergeht (RYAN et al., 1982).

Aufgrund der zwischen 1981–1985 erfolgten 10%igen Zunahme der durchschnittlichen Cd-Konzentrationen in der Nierenrinde von Rauchern sind diese als *Risikopersonen* anzusehen. Auf den Zigarettenpackungen sollte künftig deshalb auch der Gehalt von Cd angegeben und zusätzlich auf diese schadstoffabhängigen, gesundheitlichen Gefahren aufmerksam gemacht werden. Künftige Untersuchungen über den Organ-Cd-Gehalt sollten unbedingt Raucher und Nichtraucher getrennt berücksichtigen (PESCH, 1984).

Literatur

BACKHAUS, W.W.: Zum Bleigehalt menschlicher Organe. Eine analytisch-statistische Untersuchung Verstorbener aus dem Raum Franken. Dissertationsarbeit, Universität Erlangen-Nürnberg 1986

BAGCHI, K.G., H.D. GANGULY: Lead in the Human Tissues. Ind. J. Med. Res. *26* (1939) 4

BECKER, R., M.D. SPANDARO, E. BERG: The Trace Elements of Human Bone. J. Bone Joint Surg. 50-A, *2* (1968) 326–334

BERNARD, A., H. ROELS, G. HUBERMONT, J.P. BUCHET, P.L. MASSON, R.R. LAWERYS: Characterization of the Proteinuria in Cadmium-Exposed Workers. Int. Arch. Occup. Environ. Hlth. *38* (1976) 19–30

BUCHET, J.P., H. ROELS, G. HUBERMONT, R.R. LAUWERYS: Placental transfer of lead, mercury, cadmium and carbon monoxide in women. II. Influence of some epidemiological factors on the frequency distributions of the biological indices in maternal and umbilical cord blood. Environ. Res. *15* (1978) 494

CEC: Ecotoxicology of Cadmium. Commission of the European Communities und Gesellschaft für Strahlen- und Umweltforschung mbH., München: Report 1981

Devulder, B., J.C. Martin, P. Dequiedt, D. Furon, A. Tacquet: Étude clinique, biologique et ultrastructurale dans un cas de nephropathie cadmique chez l'homme. In: L. Rochetet, J. Traeger (Eds,): Rein et Toxique, Collection de Médécine Légale et de Toxicologie Médicale. Masson, Paris 1975 (p. 233)

DEVULDER, B., J.C. MARTIN, B. PLOUVIER, L. LE BOUFFANT, A. TACQUET, D. FURON: Les aspects ultrastructuraux de la néphropathie cadmique et experimentale. Arch. Mal. Prof. *39* (1978) 35

DRASCH, G.A.: Die anthropogene Blei- und Cadmiumbelastung des Menschen. Untersuchungen an Skelett- und Organmaterial. Habilitationsschrift, Ludwig-Maximilians-Universität München 1983

EINBRODT, H.J., J. ROSMANITH, M. FINGERHUT, R. MÜLLER, R. SCHNEIDER: Eine epidemiologische Studie zur Gesundheitsgefährdung durch Blei in Risikogebieten. Umwelthyg. *1* (1975) 347–352

FRIBERG, L., M. PISCATOR, G. NORDBER, T. KJELLSTRÖM: Cadmium in the environment. CRC Press Inc., Cleveland/Ohio, USA 1974

FRIBERG, L., M. VATHER: Assessement of Exposure to Lead and Cadmium through Biological Monitoring: Results of a UNEP/WHO Global Study. Environ. Res. *30* (1983) 95–128

FISCHEDICK, R., G. HALL, K.H. SCHALLER, H. VALENTIN, D. WELTE: Ergebnisse der biologischen Überwachung der Bevölkerung im Freistaat Bayern und Gefährdung durch Blei. Arbeitsmed. Sozialmed. Präventivmed. *18* (1983) 39–43

GEHLBERG, N.W.: Beziehungen zwischen der Belastung der Assimilierung und den Folgen des anorganischen Bleis industrieller Herkunft auf die Bevölkerung von Städten mit bleivergifteter Atmosphäre. Amt für amtl. Veröffentlichungen der Europäischen Gemeinschaft, Manuskript Nr. *64* (1972)

GELDMACHER- V. MALLINCKRODT, M., O. OPITZ: Zur Diagnostik der Bleivergiftung. Der normale Cadmiumgehalt der menschlichen Organe und Körperflüssigkeiten. Arbeitsmed. Sozialmed., Arbeitshyg. *3* (1968) 276–279

GROSS, S.B., E.A. PfITZER, D. YAEGER, R.H. KEHOE: Lead in the Human tissues. Toxicol. Appl. Pharmacol. *32* (1975) 638–651

HANSEN, L.D., T. KJELLSTRÖM, O. VESTEBERG: Evaluation of Different Urinary Proteins Excreted after occupational Cd Exposure. Int. Arch. Occup. Environ. Hlth. *40* (1977) 273–282

HECHT, H.: Toxische Schwermetalle in Fleisch und Innereien verschiedener Tierarten. Bundesanstalt für Fleischforschung Kulmbach, Mitteilungsblatt *76* v. 1. 6. 1982

ISHIZAKI, A., M. FUKUSHIMA, M. SAKAMOTO: On the accumulation of cadmium in the bodies of Itai-Itai patients. Jap. J. Hyg *25* (1970b) 86 (Zit. nach Friberg et al. 1974)

JAWOROWSKI, Z.: Stable Lead in Fossil Ice and Bones. Nature *217* (1968) 152–153

JONES, R.D., B.T. COMMINS, A.A. CERNIK: Blood Lead Carboxyhämoglobin Levels in London Taxi Drivers. Lancet *II* (1972) 302

KEHOE, R.A.: The metabolism of Lead in Man in Health and Disease. J.R. Inst. Publ. Health Hyg. *24* (1961) 81–203

KITAMURA, S., K. SUMINO, N. KAMATANI: Cadmium concentrations in livers, kidneys and bones of human bodies. Jap. J. Public Health, *17* (1970) Abstract *507,* 177 (Zit. nach Friberg et al. 1974)

KJELLSTRÖM, T., P.-E. EVRIN, B. RANSTER: Dose-Response Analysis od Cadmium-Induced Tubular Proteinuria: A Study of Urinary β2-Microglobulin Excretion among Workers in a Battery Factory. Environ. Res. *13* (1977) 303–317

KJELLSTRÖM, T., K. SHIROISHI, P.-E. EVRIN: Urinary β2-Microglobulin Excretion among People Exposed to Cadmium in the General Environment: A Study in Cooperation between Japan and Sweden. Environ. Res. *13* (1977) 318–344

KJELLSTRÖM, T.: Exposure and accumulation of cadmium in populations from Japan, the United States and Sweden. Environ. Hlth. Persp. *28* (1979) 169–197

KONIETZKO, H.: Die chronische Bleivergiftung. Med. Welt *30* (1979) 683–686

KURFÜRST, U., K.H. GROBECKER: Feststoffanalytik mit der Zeeman-AAS ohne Vorbehalt. Labor Praxis *5,* 1–2 (1982)

KURFÜRST, U.: Direkte Bestimmung von Schwermetallen (Pb, Cd, Ni, Cr, Hg) im Vollblut und Harn mit Zeeman-Atom-Absorption. Fresenius Z. Anal. Chem. *313* (1983) 97–122

LAUWERYS, R., J.R. BUCHET, H. ROELS, G. HUBERMONT: Placental transfer of lead, mercury, cadmium, and carbon monoxide in women. I. Comparison of the frequency distributions of the biological indices in maternal and umbilical cord blood. Environ. Res. *15* (1978a) 278

LAUWERYS, R.: The toxicology of cadmium. Commission of the European Communities, EUR 7649 Luxembourg (1982)

LEHNERT, G., K.H. SCHALLER, A. KÜHNER, D. SZADKOWSKI: Auswirkungen des Zigarettenrauchens auf den Blutspiegel. Int. Arch. Gewerbepathologie und Gewerbe-Hygiene *23* (1967) 358–363

LITZNER, S.T., F. WEYRAUCH, E. BARTH: Untersuchungen über die Bleiausscheidung durch die Niere und ihre Beeinflussung durch bestimmte Kostformen und Arzneimittel beim Menschen. Arch. Gewerbepathol. Gewerbehyg. *2* (1931) 330–344

LIVINGSTON, H.D.: Measurement and distribution of zinc, cadmium, and mercury in human kidney tissue. Clin. Chem. 18 (1972) *67* (Zit. nach Friberg et al., 1974)

NORDMAN, C.H.: Blood lead levels and erythrocyte deltaaminolevulinic acid dehydratase activity of selected population groups in Helsinki. Scand. j. work. environ. health. *1* (1975) 219–232

NRIAGU, J.O.: The Biochemistry of lead in the environment. Elsevier-North Holland, Amsterdam (1978)

OTTO, H., H.-J. PESCH: Bestimmung der Korngrößenverteilung von Lungenstäuben mit elektronischem Zählverfahren. Frankfurter Zeitschr. f. Path. *76* (1966) 1–11

OXLEY, G.R.: Blood Lead Concentrations: Apparent Reduction over Approximately one Decade. Int. Arch. Occup. Environ. Health *49* (1982) 341–343

PESCH, H.-J.: Direkte Cadmiumbestimmung in menschlichen Organen mit Zeeman-AAS. Eine postmortale Untersuchung. Fresenius Z. Anal. Chem. *317* (1984) 461

PESCH, H.-J., W. BACKHAUS, H. SEIBOLD: Zum Bleigehalt menschlicher Organe. Eine analytisch-statistische Untersuchung Verstorbener aus dem Raum Franken 1981. (1988a im Druck)

PESCH, H.-J., J. GEISSLER, H. SEIBOLD: Zum Zinkgehalt menschlicher Organe. Eine analytisch-statistische Untersuchung Verstorbener aus dem Raum Franken 1981. (1988b im Druck)

PESCH, H.-J., H.K. SCHAUMBERGER, H. SEIBOLD, H. PRESTELE: On the Cadmium Content of Human Organs. An analytical-statistical study in corpses in Franconia. (1988c im Druck)

PESCH, H.-J., W. WAGNER, H. SEIBOLD: Zum Bleigehalt menschlicher Organe. Eine analytisch-statistische Untersuchung Verstorbener aus dem Raum Franken 1985. (1988d im Druck)

PESCH, H.-J., R.J. HERRMANN, F. HENSCHKE, W. WUNDER, H. SEIBOLD: Zum Blei- und Zinkorgangehalt von Forellen aus Wöllershof und Gangfischen aus dem Bodensee. Eine quantitativ-analytische und statistische Untersuchung mittels Zeeman-AAS. Fischer & Teichwirt *39,* 6 (1988e) 161–167

ROELS, H., G. HUBERMONT, J.P. BUCHET, R. LAUWERYS: Placental transfer of lead, mercury, cadmium and carbon monoxide in women. III. Factors influencing the accumulation of heavy metals in the placenta and the relationship between metal concentration in the placenta and in maternal and cord blood. Environ. Res. *86* (1978b) 236

ROSEN, J.F.: The metabolism of lead in isolated bone cell population. Toxicol. Appl. Pharmacol. 71, *1* (1983) 101–112

RYAN, J.A., R. PAHREN, J.B. LUCAS: Controlling Cadmium in the Human Food Chain: A Review and Rational Based on Health Effects. Environ. Res. *28* (1982) 251–302

SCHALLER, K.-H., J. GONZALES, K. THÜRAUF, R. SCHIELE: Nierenschäden bei beruflich gegenüber Blei, Quecksilber und Cadmium exponierten Personen. Zbl. Bakt. Hyg., I. Abt. Orig. B. *171* (1980) 320–325

SCHLIPKÖTER, H.W., F. POTT: Die gesundheitliche Bedeutung von Blei. VDI-Berichte Nr. *202* Düsseldorf (1974) 1–30

SCHROEDER, H.A., V. BATTLEBROD, I.H. TIPTON: The Human Body Burden of Lead. Arch. Environ. Health *17* (1968) 965–978

SHIGEMATSU, J., M. MINOWA, T. YOSHIDA, K. MIYAMOTO: Recent Results of Health Examinations on the General Population in Cadmium-Polluted and Control Areas in Japan. Persp. Vol. *28* (1979) 205–210

SINN, W.: Über den Zusammenhang von Luftbleikonzentrationen und Bleigehalt des Blutes von Anwohnern und Berufstätigen im Kerngebiet einer Großstadt (Blutbleistudie Frankfurt). Int. Arch. Occup. Environ. Health *47* (1980) 93–118

SINN, W.: Über den Zusammenhang von Luftbleikonzentrationen und Bleigehalt des Blutes von Anwohnern und Berufstätigen im Kerngebiet einer Großstadt (Blutbleistudie Frankfurt). II Korrelationen und Konklusionen. Int. Arch. Occup. Environ. Health *48* (1981) 1–23

SMITH, J.P., J. C. SMITH, A.J. MCCALL: Chronic poisoning from cadmium fume. J. Pathol. Bacteriol *80* (1960) 287

STOEPPLER, M.: Cadmium. In: E. Merian (Hrsg.): Metalle in der Umwelt. Chemie, Weinheim Deerfield, Beach Basel 1984

STREHLOW, C.D., T.J. KNEIP: The Distribution of Lead and Zink in the Human Skeleton. Amer. Ind. Hyg. Ass. *30* (1969) 372–378

SÜDDEUTSCHE ZEITUNG: Schwermetalle nur in Spuren. SZ 195 (1985) 15

SUGITA, M.: The Biological Half-Time of Heavy Metals. Int. Arch. Occup. Health *41* (1978) 25–40

TEWORTE, W.: Blei, Zink, Cadmium-Gewinnung, Einsatz und Emission. VDI-Berichte *203* (1974) 5–13

THÜRAUF, J., K.-H. SCHALLER, H. VALENTIN, D. WELTE: Zur gegenwärtigen Belastung der Bevölkerung mit Kadmium. Vergleich der Kadmium-Konzentration im Nierengewebe von Autopsiefällen aus den Jahren 1969–1980. Fortschr. Med. *99* (1981) 1312–1317

TOLA, S., C.H. NORDMAN: Smoking and Blood Lead Concentrations in Lead-Exposed Workers and Unexposed Population. Environ. Res. *13* (1977) 250–255

TOMPSETT, S.L., A.B. ANDERSON: The Lead Content of Human Tissues and Excreta. Biochem. J. *29* (1936) 1856–1864

UBA: Luftqualitätskriterien für Kadmium. Umweltbundesamt Bericht 4/77, Berlin 1977

WHO: „Environmental Health Criteria for Cadmium." Weltgesundheitsorganisation, Ambio *6* (1977) 287–290

WEINIG, E., B. BÖRNER: Über den normalen Bleigehalt der menschlichen Knochen. Arch. Toxikol. *19* (1961) 34–48

WEYRAUCH, F., H. MÜLLER: Das sogenannte normale Blei im menschlichen Körper. Z. Hyg. Infektionskrankh. *115* (1933) 220

WISSMATH, P., J. KLEIN: Die Schwermetallbelastung von Fischen. Beiträge zur Fischtoxikologie und -Histologie, Gustav-Fischer, Stuttgart New York 1981

Phylogenetische und ontogenetische Probleme der (lichtoptischen) bronchialen Basalmembran

P. Brunner

Basalmembranen im tierischen Organismus sind phylogenetisch uralte extrazelluläre Strukturen mit zugleich trennender und verbindender Funktion; sie sind ubiquitär, und sie sind lebensnotwendig.

Lokalisation, Aufbau, Struktur und Funktion der Basalmembranen[1] sind ganz unterschiedlich. Nach der Einteilung durch Kefalides (1973) gehört die bronchiale Basalmembran zur Gruppe der epithelialen Basalmembranen. Nachfolgende Beschreibungen, Untersuchungen und Schlußfolgerungen beziehen sich einzig auf die *lichtoptische* bronchiale Basalmembran.

Die bronchiale Basalmembran trennt und verbindet das respiratorische Epithel von und mit Tunica propria der Atemwegsschleimhaut. Im Analogieschluß zur Basalmembran andernorts ist anzunehmen, daß auch die bronchiale Basalmembran überwiegend ein epitheliales Produkt ist (Daroczy et al., 1979; Abrahamson, 1986).

Das Atmungsorgan Lunge ist entstanden mit der Landnahme durch Wirbeltiere vor etwa 350 Millionen Jahren. Dabei sind Lunge und Schwimmblase homologe Organe. Aus der primitiven und noch blasenartigen Lunge der Amphibien (Abb. 1) entwickelte sich über die Reptilienlungen schließlich die hochentwickelte Vogel- und Säugerlunge. Primitive Lungen (Amphibien) besitzen nur wenige Atemwege.

Die Ausdehnung der bronchialen Basalmembran ist korreliert mit der Ausdehnung der Atemwege. Deren quantitative Bedeutung ist also bei Säuger und Vogel unendlich viel höher als bei Amphibium und Reptil.

Für die lichtoptische Darstellung der bronchialen Basalmembran eignen sich besonders gut Versilberungsmethoden aufgrund des Reichtums an argyrophilen Fasern, die sich als scharf gesponnenes Netz von den Fasersystemen der Tunica propria abheben, doch reicht bereits die Hämalaun-Eosin-Färbung zur Kenntlichmachung der bronchialen Basalmembran aus. Grundlegende lichtoptisch erkennbare Unterschiede im Aufbau der bronchialen Basalmembran zwischen Amphibium, Reptil, Vogel und Säuger (Primaten ausgenommen) sind nicht bekannt. Eindrucksmäßig sind die Basalmembranen bei Großtieren (Rind, Pferd) breiter als bei Kleintieren (Frosch, Schlange, Huhn, Katze).

---

[1] Übersichten hierzu bei Kefalides (1973), Abrahamson (1986).

Mit der Entwicklung der Primaten, sie setzte vor etwa 20 Millionen Jahren ein, trat im Aufbau der bronchialen Basalmembran eine grundlegende Neuerung auf, die in ihrer Ursache und in ihrer möglichen Bedeutung unklar ist. Diese Akquisition ist so charakteristisch, daß man von einem *Primatentyp*[2] der Basalmembran sprechen muß. Denn all diese Merkmale treten nicht oder nur als Rarität bei Nichtprimaten auf.

Die Merkmale des Primatentyps sind (Abb. 2):

1. Auffallend breite bronchiale Basalmembran.
2. Zweischichtigkeit mit breiter basaler Schicht und sehr dünner PAS-positiver Oberschicht, diese dem Epithel unmittelbar angrenzend.
3. Zumeist gute Abgrenzung der Basalmembran zum Bindegewebe der Tunica propria.

Zu diesen Aussagen gibt es Einschränkungen. Der Primatentyp der Basalmembran kommt vor:

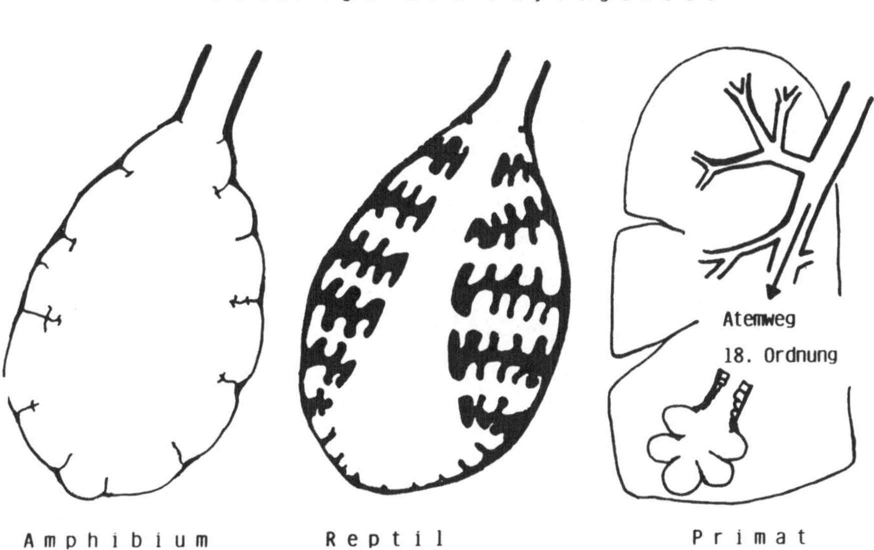

Abb. 1. Schema der Lungenentwicklung. Die Differenzierung der Atmungsorgane ist korreliert mit der Zunahme an Atemwegen (eingeschlossen die bronchiale Basalmembran). Die flächenmäßige Bedeutung der bronchialen Basalmembran ist bei hochentwickelten Lungen (Säuger, Vogel) ungleich höher als bei Primitivlungen

[2] Die Aussage vom „Primatentyp" gründet sich auf Vielfachuntersuchungen am Menschen. An Primaten wurden untersucht: Totenkopfäffchen, Berberaffe, Kapuzineraffe, Rhesusaffe.

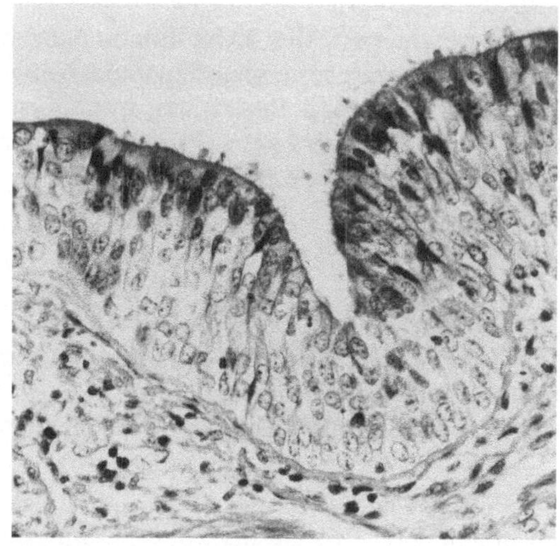

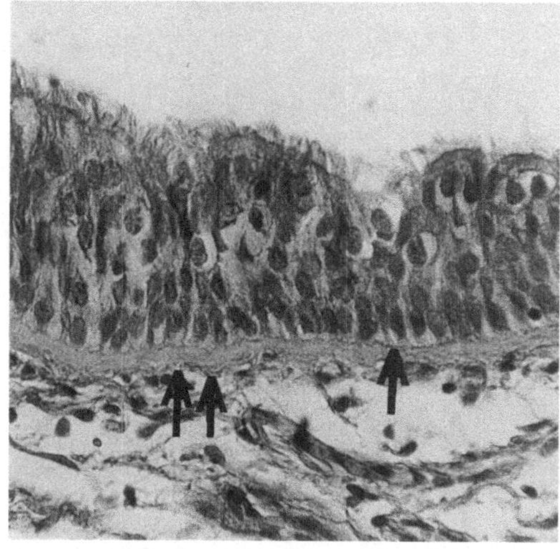

Abb. 2. *Oben:* Atemwegsschleimhaut (Trachea) bei einem 7 Tage alt gewordenen Kind. Schmales einschichtiges Band der bronchialen Basalmembran zwischen Epithel und Tunica propria. Sogenannter Nichtprimatentyp. Hämalaun-Eosin, x 400; *unten:* Erwachsener Mensch. Ausgereifter Primatentyp der Basalmembran, zweischichtig, mit scharfer Abgrenzung zur Tunica propria. Dem Epithel zugewandt die dünne (PAS-positive) Oberschicht *(1 Pfeil),* darunter die dickere Unterschicht *(2 Pfeile).* Allochrom-Färbung, x 400

1. Überwiegend in den hilusnahen Bronchien und der Trachea, seltener in den peripheren Bronchien.
2. Er ist nicht obligat. In ein und demselben Individuum kann es bronchiale Basalmembranen mit und solche ohne Primatentyp geben. In ein und demselben Bronchus können Primatentyp und Nichtprimatentyp einander abwechseln.

Wir wissen nicht, warum das so ist. Bronchien führen hinsichtlich ihrer Epithelauskleidung ein ausgeprägtes Eigenleben und könnten dementsprechend die Synthese der Basalmembran unterschiedlich steuern. Auch mag das generelle Prinzip dahinterstecken, daß phylogenetische Neuerwerbungen mit dem Nachteil einer anatomischen Strukturlabilität einhergehen (Doerr, 1984).

Der Primatentyp der bronchialen Basalmembran ist nicht angeboren! Die Basalmembran der Primatenlunge des Ungeborenen entspricht dem Nichtprimatentyp. Auch das neugeborene Menschenkind besitzt noch die Basalmembran des Nichtprimaten. Die Umwandlung („Ausreifung") zum Primatentyp setzt ein etwa im zweiten Lebenshalbjahr und ist etwa mit dem zehnten Lebensjahr abgeschlossen (Brunner und Riegel, 1981). Man erinnert sich an das biogenetische Grundgesetz des Ernst Haeckel.

Wir verharren bei der bronchialen Basalmembran des adulten Menschen. Die bronchiale Basalmembran ist eine dynamische Struktur und unterliegt einem dauernden Auf-Ab-Umbau. Dies bringt mit sich verschiedenartige Formen und Strukturen, unterschiedlich von Mensch zu Mensch, unterschiedlich von Bronchus zu Bronchus und unterschiedlich innerhalb eines Individuums.

Das „Gesicht" der Basalmembran ändert sich also fortwährend, und man kann an menschlicher bronchialer Basalmembran einige charakteristische Subtypen abgrenzen.

1. *Normaltyp*. Er ist charakterisiert durch die Trias Zweischichtigkeit, scharfe Abgrenzung zur Tunica propria und auffallend dicke Unterschicht.
2. *Asthma-Typ*. Diese Basalmembran ist extrem verdickt, dabei verquollen, so daß die Fasersysteme maskiert sind.
3. *Bronchitis-Typ*. Auch hier kann die Basalmembran extrem verdickt sein, im Gegensatz zum Asthma-Typ sind die Fasersysteme jedoch gut erkennbar, sie sind grobschlächtig und die Fasersysteme sind demaskiert. Dieser Subtyp begegnet uns oft bei chronisch-obstruktiver Atemwegskrankheit.
4. *Rarefizierter Typ*. Die Basalmembran ist dabei hochgradig ausgedünnt. Die PAS-positive Oberschicht ist das (zunächst noch) erhaltene Element. Die Rarefizierung der breiten und instabilen Unterschicht kann offenbar binnen Stunden erfolgen. Neutrophile Granulozyten wandern offensichtlich mühelos durch die Basalmembran hindurch, eine breite Trümmerstraße hinter sich lassend, während beide Basalmembran-Schichten für Lymphozyten und Makrophagen offenbar ein unüberwindliches Hindernis bedeuten.
   Die Basalmembran-Rarefizierung erfolgt auch neoplastisch. Dabei erleidet die breite Basalmembran-Unterschicht einen raschen Abbau, wenn ein intramural wachsender Tumor vordringt, während die dünne Oberschicht erstaunlich lange dem Tumor widerstehen kann.

Die genannten Subtypen gleichen einem Grobraster der Einteilung, daneben gibt es eine stattliche Zahl von Sonderkonditionen mit kasuistischem Aspekt. In einem Falle kam es zu einer extremen isolierten Verkalkung der bronchialen Basalmembran unter Aussparung der alveolären Basalmembranen (Schellmann und Brunner, 1976). Eisen- und Amyloidablagerungen wurden bislang nicht beobachtet.

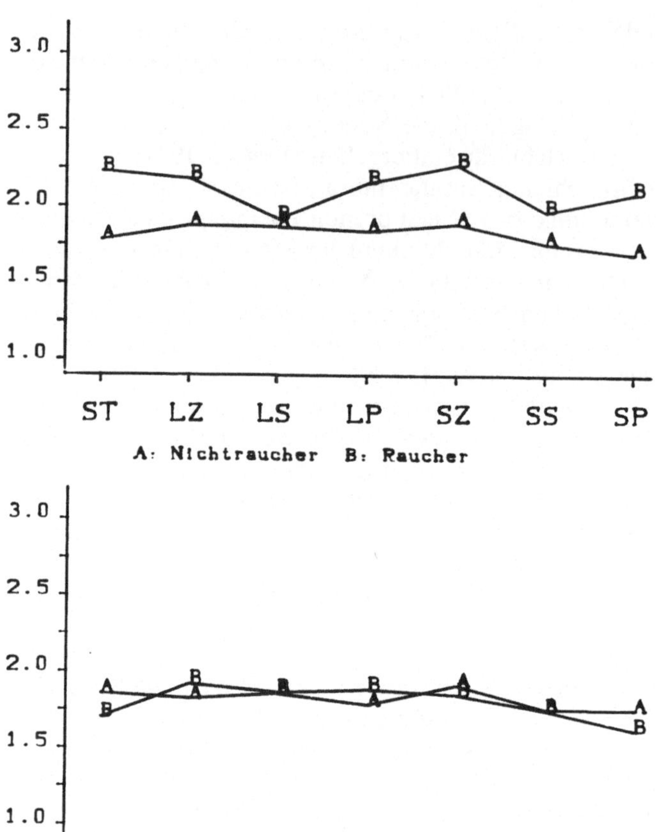

Abb. 3. Basalmembran-Dicke: Ordinate: Geschätzte Dickengrade. An der Abszisse die Untersuchungslokalisationen: *ST*, Stammbronchus; *LZ*, zentrale Lappenbronchien; *LS*, Sporne der Lappenbronchien; *LP*, periphere Lappenbronchien; *SZ*, zentrale Abschnitte der Segmente; *SS*, Segmentsporne; *SP*, periphere Abschnitte der Segmente/Subsegmente. Die Ergebnisse beruhen auf der Auswertung von mehr als 600 Lungen mit zusammen etwa 20 000 Meßdaten. Die Kurven entsprechen Mittelwertsberechnungen. *Oben* Rauchen als Faktor, der zur Verdickung der Basalmembran führt. Charakteristische Gliederung der Raucherkurve. Die Nichtraucherkurven sind stets wenig gegliedert oder überhaupt nicht gegliedert; *unten* Das Geschlecht besitzt keinen erkennbaren Einfluß auf die Basalmembran-Dicke

Es gibt unabhängig vom Subtyp der Basalmembran Einflußfaktoren, die deren Dicke bestimmen. Geschlechtsunterschiede gehören nicht dazu, wohl aber das Raucherverhalten (Abb. 3). Die bronchiale Basalmembran beim Raucher ist dicker als beim Nichtraucher. Es mag dies ein „unspezifisches" Phänomen sein, das mit dem „Raucherkatarrh" zusammenhängt. Es wurden Basalmembranen beim Pferd mit und ohne chronisch-obstruktive Atemwegserkrankung untersucht (Brunner und Dix, 1987). Dabei waren die Basalmembranen

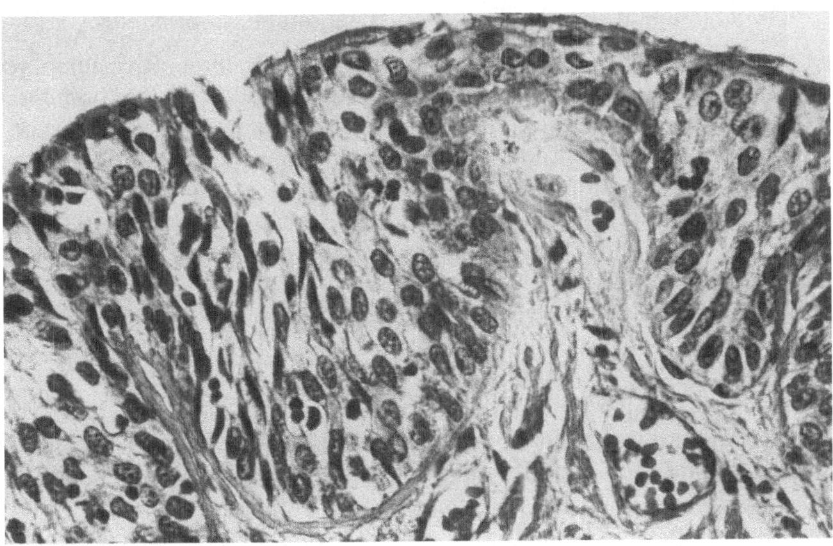

Abb. 4. Papillarkörper-Phänomen (PKP) der bronchialen Basalmembran des Menschen. Fingerförmige Auswüchse der Basalmembran greifen mit Stromaanteilen in das Epithel. Das PKP ist an den Bronchien ein Dysplasiemerkmal! Das Bild verdeutlicht die Labilität der bronchialen Basalmembran unter gleichartigen Epithelbedingungen. Links eine breite, zweischichtige Basalmembran, die zur Mitte zu als schmales und einschichtiges Band noch eben erkennbar ist (rarefizierter Subtyp). Hämalaun-Eosin, x 460

beim Pferd mit obstruktiver Atemwegserkrankung dicker als bei solchen ohne diese Erkrankung.

Beim erwachsenen Menschen hat das Lebensalter hinsichtlich einer Basalmembranverdickung nur eine untergeordnete Bedeutung (Prestele et al., 1983; Brunner et al., 1983). Es wurden auch die Basalmembran-Dicken beim Menschen mit und ohne Lungenkrebs verglichen. Ein Unterschied in der Dicke hat sich dabei nicht ergeben.

Der Schwede Nasiell (1966) hat auf eine *Strukturanomalie* in menschlicher bronchialer Basalmembran (Abb. 4) aufmerksam gemacht mit fingerförmigen Ausstülpungen und prägte den Begriff der *Mikropapillomatose* der bronchialen Basalmembran. Es ist ein unglücklicher Begriff, der zum Fehlschluß verleitet, es handele sich bereits um einen neoplastischen Prozeß. Müller (1979) sprach von hernienartig sich vorwölbenden Stromapapillen. Wegen der Ähnlichkeit zum Papillarkörper der Haut wurde diese Strukturanomalie auch als *Papillarkörper-Phänomen* bezeichnet (Meinl und Brunner, 1981; Brunner und Götz, 1983).

Die Pathogenese des Papillarkörper-Phänomens läuft folgendermaßen ab: Erster Schritt ist der Umbau der Bronchusschleimhaut (Götz und Brunner, 1985), aus einem mehrreihigen Epithel entsteht ein mehrschichtiges Epithel. Sodann legen sich weitlumige, blutgefüllte Kapillaren der Basalmembran an, heben diese empor und bilden ein Kapillarknäuel, zugleich werden Faseranteile der Tunica propria in die Stromapapillen mithineingezogen.

Die Häufigkeit des Papillarkörper-Phänomens ist abhängig

1. *von der Spezies.* Unter vielen tausend untersuchten Bronchien von Tieren haben wir nur ein einziges Mal dieses Papillarkörper-Phänomen bei einem Pferd mit einem Plattenepithel-Karzinom in der Lunge finden können. Das Papillarkörper-Phänomen ist unter nichtexperimentellen Bedingungen praktisch nur beim Menschen nachweisbar[3].
2. *von der Art texturgestörter Schleimhaut.* Papillen bei regelhafter Schleimhaut, bei Schleimhaut mit Becherzellhyperplasie oder atrophischer Schleimhaut sind Raritäten.
3. *vom Dysplasiegrad.* Je höher der Dysplasiegrad, desto häufiger treten Papillen auf.

Bei der Berechnung höherdimensionaler Zusammenhänge zwischen den Merkmalen Papillarkörper-Phänomen, Dysplasiegrad, Lungenkarzinom, Raucherstatus, Lebensalter und Geschlecht ergab sich kein Zusammenhang für Alter und Geschlecht einerseits und Papillarkörper-Phänomen andererseits. Die engste Bindung aller Merkmale fand sich zwischen Papillarkörper-Phänomen und Lungenkarzinom[4].

Das Papillarkörper-Phänomen ist ein weiteres Dysplasiemerkmal, das in der Routinediagnostik den etablierten Dysplasiemerkmalen ebenbürtig ist.

Ich fasse zusammen:

Der Gestaltwandel ist zeitabhängig. An der bronchialen Basalmembran kann er erdgeschichtliche Zeiträume beanspruchen oder in kürzester Frist (Stunden) ablaufen.

Die bronchiale Basalmembran ist so alt wie die Lungenatmung, etwa 350 Millionen Jahre, und alle Lungenatmer besitzen eine gleichartige Basalmembran, Primaten ausgenommen.

Diese akquirierten – 20 Millionen Jahre zurück – einen neuen Typus der bronchialen Basalmembran, den Primatentyp.

Kurzfristig ablaufender Gestaltwandel ist das Produkt exogener oder endogener Einflüsse (Rauchen, Asthma bronchiale, Bronchitis, Neoplasma). Hierzu zählt das Papillarkörper-Phänomen der Basalmembran. Dieses ist ein weiteres Dysplasiemerkmal der Bronchusschleimhaut.

Literatur

Abrahamson, D.R.: Recent studies on the structure and pathology of basement membranes. J. Path. *149,* 257–278 (1986)

Brunner, P., A. Riegel: Die Bronchusmukosa von Totgeborenen und Säuglingen – ein Beitrag zum Metaplasieproblem. Atemw. Lungenkrkh. *7,* 209–212 (1981)

---

[3] Amphibium, Reptil, Vogel, Säuger (Primaten und Nichtprimaten).

[4] Institut für Medizinische Statistik der Universität Erlangen. Prof. Dr. L. Horbach, Dr. W. Sauerbrei.

BRUNNER, P., M. GÖTZ: Das Papillarkörperphänomen der bronchialen Basalmembran – eine Hilfe in der bioptischen Diagnostik präkanzeröser Situationen. Atemw. Lungenkrkh. *9,* 257–261 (1983)

BRUNNER, P., H. PRESTELE, L. HORBACH: Die Texturstörungen der Bronchusmukosa und ihre Prädilektionsstellen. II Ergebnisinterpretationen. Verh. Dtsch. Ges. Path. *67,* 732 (1983)

BRUNNER, P., R. DIX: Architekturstörungen des Atemwegsepithels beim Pferd. Formen, Häufigkeit und Topographie. Zugleich ein Beitrag zur Beschaffenheit der bronchialen Basalmembran (lichtoptische Untersuchungen). Berl. Münch. tierärztl. Wschr. (im Druck)

DAROČZY, J., J. FELDMANN, K. KIRÀLY: Human epidermal basallamina; Its structure, connection und function. In: Front. Matrix Biol. Vol. 7. Eds.: A. M. Robert; R. Boniface; L. Robert. Basel: Karger 1979

DOERR, W.: Prinzipien der Pathogenese großer Herz- und Gefäßkrankheiten. Erlangen: Palm und Enke 1984

GÖTZ, M., P. BRUNNER: Micropapillomatosis of the bronchial basement membrane: pathogenesis and types. Zbl. allg. Path. pathol. Anat. *130,* 375–381 (1985)

KEFALIDES, N.A.: Structure and biosynthesis of basement membranes. Int. Rev. Tis. Res. *6,* 63–104 (1973)

MEINL, M., P. BRUNNER: Alterations in the structure of bronchial basement membrane in relation to textural changes of the bronchial mucosa. Path. Res. Pract. *169,* 21–28 (1981)

MÜLLER, K.-M.: Krebsvorstadien der Bronchialschleimhaut. Verh. Dtsch. Ges. Path. *63,* 112–131 (1979)

NASIELL, M.: Metaplasia and atypical metaplasia in the bronchial epithelium. A histopathologic and cytopathologic study. Acta. Cytol *10,* 421–427 (1966)

PRESTELE H., L. HORBACH, P. BRUNNER: Die Texturstörungen der Bronchusmukosa und ihre Prädilektionsstellen. Einfluß von Alter, Geschlecht, Grundkrankheit und Raucherverhalten. I. Das statistische Modell. Datenreduktion und Ergebnispräsentation durch Computer. Verh. Dtsch. Ges. Path. *67,* 731 (1983)

ROMER, A.S., T.S. PARSONS: Vergleichende Anatomie der Wirbeltiere. Hamburg und Berlin: Paul Parey 1983

SCHELLMANN, B., P. BRUNNER: Bronchopulmonale Verkalkung bei Hyperkalzämie-Syndrom. Inn. Med. *3,* 102–105 (1976)

Labormedizinische Diagnostik von Lebererkrankungen: Neue Erkenntnisse

H. P. Seelig und R. Seelig

Die während der vorausgegangenen 30 Jahre erzielten Fortschritte auf dem Gebiet der labormedizinischen Diagnostik von Lebererkrankungen sollen am Beispiel akuter und chronischer Hepatitiden, insbesondere der Virushepatitiden vorgestellt werden. Wesentliche Beiträge hierzu lieferten die Protein- und Enzymchemie, deren für die Leberdiagnostik bedeutende klinisch-chemische Methoden in den Jahren nach 1955 entwickelt wurden, seit dem Jahr 1965 die Immunologie und Elektronenmikroskopie. Nach der Lockerung der strengen Restriktionen für die Clonierung von Virusgenomen im Jahre 1978 gewinnt auch die Gentechnologie zunehmend an Bedeutung bei der Diagnostik viraler Hepatitiden. Auf den Grundlagen dieser Disziplinen basierende Methoden erlauben es heute, Leberschädigungen schnell und präzise zu erkennen, in vielen Fällen die Ursache der Erkrankung zu ermitteln und dadurch Hepatitiden nach ätiopathogenetischen Gesichtspunkten zu differenzieren. Hierdurch wird es möglich, spezifische therapeutische Maßnahmen einzuleiten, Aussagen über Verlauf und Prognose der Erkrankungen zu machen sowie epidemiologisch induzierte Präventivmaßnahmen, wie z. B. aktive Schutzimpfungen oder vorbeugende passive Immunisierungen, zu veranlassen.

Zahlreiche epidemiologische Studien, deren erste schon hundert Jahre zurückliegen (Lürman 1885), ausgedehnte Studien während des zweiten Weltkrieges sowie Inoculationsversuche (Übersicht: Koff und Galambos 1982) ergaben, daß mit mindestens zwei Formen infektiöser Hepatitis gerechnet werden muß. Dies veranlaßte MacCallum bereits 1947 zu der formalen Abgrenzung der fäcal-oral übertragenen Hepatitis A und der parenteral übertragenen Hepatitis B (Serumhepatitis), einer Nomenklatur, die 1952 von der WHO übernommen wurde. Im einzelnen Krankheitsfall jedoch war damals eine solche Unterscheidung nicht möglich. Eine sichere Abgrenzung von Hepatitiden anderer Ätiologie, sofern sich diese nicht durch eindeutige histologische Charakteristika oder anamnestische Daten (Alkohol, Toxine) auszeichneten, war in der Regel nicht möglich. Die zu jenem Zeitpunkt der Labormedizin für Routineuntersuchungen zur Verfügung stehenden Testmethoden wie Serumlabilitätsproben (Weltmann 1930; Jezler 1930) erlaubten keine ätiopathogenetische Differenzierung der Hepatitiden. Sie ermöglichten, wie auch die später entwickelte Serumeiweißelektrophorese (Tiselius 1937; Tiselius und Kabat 1938), wegen mangelnder Organspezifität höchstens Aussagen über die Aktivität eines Entzündungsprozesses. Eine naturwissenschaftliche Interpretation der

Labilitätsproben konnte zudem erst nach der Etablierung immunologischer Methoden zur quantitativen Bestimmung von Immunglobulinen und anderen Plasmaproteinen erfolgen, zu einem Zeitpunkt, zu dem die Serumlabilitätsproben damit auch bereits überholt waren.

Einen ersten für die Klinik relevanten Fortschritt der labormedizinischen Diagnostik brachte die in der Mitte der 50er Jahre beginnende Entwicklung *enzymkinetischer Meßmethoden.* Die Bestimmung der Transaminasen wie GOT (AST) und GPT (ALT) und anderer Enzyme (Übersicht: GERLACH 1968) ermöglichte es, auch anikterisch verlaufende Leberparenchymschäden zu entdecken, chronische Verlaufsformen und Exacerbationen bei chronischen Entzündungsprozessen festzustellen, Hinweise auf alkoholinduzierte Leberschäden zu gewinnen und von den Gallenwegen ausgehende Parenchymschäden zu differenzieren. Die Berechnung von Quotienten aus den im Serum gemessenen Enzymaktivitäten sollte der Abschätzung des Schweregrades von Leberparenchymschäden dienen und Hinweise auf die Ätiologie geben (z. B. DE RITIS-Quotient, DE RITIS et al. 1955). Trotz ihres unschätzbaren Wertes für die Primär- und Verlaufsdiagnostik von Lebererkrankungen erlaubt die Enzymdiagnostik auch heute noch keine Aussagen über die Ätiopathogenese akuter und chronischer Hepatitiden.

Den entscheidenden Durchbruch in der Diagnostik und Differentialdiagnostik der Hepatitiden ermöglichten immunologische Techniken. Die zu Beginn dieses Jahrhunderts erarbeiteten Grundlagen immunologischer Erkenntnisse zur aktiven und passiven Immunprophylaxe gegenüber Infektionserregern sowie die Erfolge der Transfusionsimmunologie und deren Anwendung haben selbst nicht unerheblich zur Ausbreitung der Serumhepatitis (postvaccinale Hepatitis) beigetragen und dadurch aufschlußreiche epidemiologische Studien veranlaßt. Erste Versuche in den Jahren 1920 bis 1930, die Erreger infektiöser Hepatitiden zu identifizieren, schlugen fehl, da es nicht gelang, die Erkrankung auf Laboratoriumstiere zu übertragen, den Erreger in Bruteiern oder später in Zellkulturen zu propagieren, und damit bekannte Nachweismethoden für Virusinfektionen, wie z. B. Komplementbindungsreaktionen (BEDSON und BLAND 1929) zu etablieren.

Im Jahr 1965 entdeckten BLUMBERG und Mitarbeiter (1965) durch Zufall das erste der mit Hepatitis B assoziierten Antigen-Antikörper-Systeme mit einer der einfachsten immunologischen Techniken, der Agargeldoppeldiffusion (BECHHOLD 1905; OUCHTERLONY 1948; ELEK 1948), zu einem Zeitpunkt, zu dem sowohl immunologische als auch virologische Techniken auf anderen Gebieten bereits einen hohen Standard erreicht hatten. Zwei Jahre nach der Beschreibung des Australia-Antigens (BLUMBERG et al. 1965), das anfänglich als leukämieassoziiertes Antigen interpretiert wurde, konnte seine enge Assoziation mit Hepatitis B gesichert werden (BLUMBERG et al. 1967; PRINCE 1968; OKOCHI und MURAKAMI 1968). Der weitere stürmische Verlauf der Erforschung des Hepatitis B-Virus, wie der elektronenoptische Nachweis von HBs-Ag im Serum (BAYER et al. 1968) sowie der Nachweis des gesamten 42 nm messenden Dane-Partikels (DANE et al. 1970) und seiner weiteren Antigen-Antikörper-Systeme, wie HBc-Antigen/anti-HBc (ALMEIDA et al. 1971) und HBe-Antigen/-anti-HBe (MAGNIUS und ESPMARK 1972) ist nicht zuletzt der Tatsache zu verdanken, daß zum Zeitpunkt der Entdeckung des Erregers ein Großteil der später benötigten immunologischen Techniken bekannt war und bereits auf anderen Gebieten angewandt wurde. Immunelektrophorese (GRABAR 1955) und Gegenstromelektrophorese, Methoden zur Reinigung und zur radioaktiven Markierung von Immunglobulinen (KABAT und MAYER 1961, GREENWOOD et al. 1963) sowie direkte und indirekte Immunfluoreszenzmikroskopie (COONS et al. 1941), waren in vielen Laboratorien etabliert. Bekannt gewordene Ergebnisse konnten schnell nachgeprüft, bestätigt oder gegebenenfalls korrigiert werden. Es ist daher nicht verwunderlich, daß bereits sieben Jahre nach der gesicherten Assoziation von Australia-Antigen und Hepatitis B empfindliche radioimmunologische Methoden zur Verfügung standen, mit denen im Serum HBs-Antigen in Konzentrationen von unter 2 ng/ml sowie auch die anderen serologischen Marker HBe-AG, anti-HBe, anti-HBc und anti-HBs bestimmbar waren. Sie bilden die Grundlage der heute möglichen differenzierten Diagnostik einer Hepatitis B-Infektion.

Die Anwendung einfacher immunologischer Techniken ermöglichte auch den elektronenmikroskopischen Nachweis des Erregers der Hepatitis A im Stuhl. Durch Zugabe von antikörperhaltigem Rekonvaleszentenserum oder von Gammaglobulin-Präparationen zu Stuhlsuspensionen konnten die Viren agglutiniert, angereichert und dargestellt werden (FEINSTONE et al. 1973). Nach Isolierung genügender Mengen von Virusmaterial war es auch hier möglich, kurzfristig empfindliche Radioimmunoassays zum Nachweis von Virus-Antikörpern im Serum bzw. von Virusantigen im Stuhl zu etablieren (HOLLINGER et al. 1975; PURCELL et al. 1976), die die Diagnostik akuter und zeitlich zurückliegender Infektionen erlauben.

Erste aufschlußreiche Ergebnisse über den Ort der intrazellulären Replikation und Synthese von Viruskomponenten wurden mit immunfluoreszenzmikroskopischen Methoden erhalten. Mit dieser schon 1941 von COONS et al. (1941) beschriebenen Technik war es möglich, antigene Komponenten des Hepatitis B-Virus und des Hepatitis A-Virus (MATHIESON 1977) in Hepatozyten nachzuweisen, Corepartikel des Hepatitis B-Virus im Zellkern und Hüllproteine (HBs-Antigen) im Zytoplasma darzustellen. Vor allem die systematischen Untersuchungen von BIANCHI et al. (1975) über Verteilungsmuster und Persistenz von HBc-Ag und HBs-Ag bei akuten und chronischen Formen der Hepatitis B im Lebergewebe erlaubten Einblicke in die Pathogenese und den Verlauf der Hepatitis B. Immunhistologische Klassifizierungen wie Eliminationstyp, Carriertyp, Aggressionstyp und Immunsuppressionstyp beruhen auf diesen Untersuchungen.

Mit der Immunfluoreszenztechnik gelang es auch RIZZETTO et al. (1977), das Antigen-Antikörper-System des Erregers einer dritten Form infektiöser Hepatitiden, der Delta-Infektion, in Kernen von Hepatozyten nachzuweisen. Diese besonders im Mittelmeerraum vorkommende Delta-Infektion tritt nur in Assoziation mit einer aktiven Hepatitis B-Infektion auf. Das Delta-Virus mit RNA-Genom und Virusprotein (Delta-Antigen) benutzt eine HBs-Antigen-tragende Lipidhülle.

Die speziellen Eigenschaften der Immunfluoreszenzmikroskopie, Antigene und Antikörper nach histotopographischen Gesichtspunkten zuzuordnen, erlaubten auch eine genauere Definierung der Antigenspezifitäten von Autoantikörpern, die zuvor mit wenig gut definierten Organhomogenaten unter Verwendung von Komplementbindungsreaktionen bestimmt wurden. Es konnte gezeigt werden, daß Antikörper gegen Zellkernantigene (lupoide Hepatitis, Gajudsek 1958; MacKay und Gajudsek 1958), glatte Muskultur (Johnson et al. 1965), Mitochondrien (Walker et al. 1965), Liver-Kidney-Mikrosomen (Rizzetto et al. 1973) und Lebermembran-Antigene (Hopf et al. 1976) bei bestimmten chronisch aktiven Hepatitiden gehäuft auftreten. Diese wurden als sogenannte autoimmune Hepatitiden von den virusinduzierten chronisch aktiven Hepatitiden abgegrenzt. Inzwischen konnten nach weiterer Reinigung der Antigenpräparationen Subspezifitäten dieser Antikörper nachgewiesen werden, wie Actin-Spezifität bei Antikörpern gegen glatte Muskulatur, M1- bis M9-Spezifität bei Mitochondrien-Antikörpern (Berg et al. 1976), wodurch wiederum eine weitere Differenzierung autoimmuner Hepatitiden ermöglicht wird.

Die grundlegenden Arbeiten von Kohler und Milstein (1975) zur Immortalisierung antikörperproduzierender Zellen durch Fusion mit Myelomzellen und somit zur experimentellen Produktion monoclonaler Antikörper wirkten sich auch in der Hepatitisdiagnostik aus. Monoclonale Antikörper sind aufgrund ihrer großen Spezifität besonders für den Nachweis von HBs-Ag-Subtypen geeignet (epidemiologische Studien). Sie ermöglichen bei hoher Affinität auch einen empfindlicheren Nachweis von HBs-Antigen (Wands et al. 1982) als die üblicherweise verwendeten polyclonalen Antikörper. Monoclonale Antikörper gestatten die Darstellung von Lymphozytenoberflächenmarkern und damit die Differenzierung von Lymphozytensubpopulationen auch in Biopsiepräparaten. Hierdurch ist es möglich, die Art der in den Infiltraten vorliegenden Lymphozyten zu klassifizieren und pathogenetische Vorstellungen über die Auslösung der Leberzellnekrosen bei Hepatitiden zu entwikkeln.

Immunologische Techniken ermöglichen es heute, *drei Formen der Virushepatitiden* schnell und sicher zu diagnostizieren, von autoimmunen Formen abzugrenzen sowie Aussagen zum Krankheitsverlauf und zur Prognose der Hepatitis zu machen. Sie erlauben Präventivmaßnahmen, die z. B. eine Übertragung der Hepatitis B durch Blut und Plasmaderivate verhindern sowie die Entwicklung von Hepatitis-Impfstoffen zur aktiven Immunisierung gefährdeter Personen. Trotz eines enormen Aufwandes ist es mit immunologischen Techniken bisher nicht gelungen, den oder die Erreger der bereits 1975 abgegrenzten Hepatitis Non-A, Non-B (Alter et al. 1975; Feinstone et al. 1975) zu charakterisieren und entsprechende Testmethoden zum Nachweis dieser Infektion zu etablieren. Möglicherweise eröffnet hierbei der primäre Einsatz gentechnologischer Methoden den Weg zu diagnostischen Verfahren.

Während immunologische Techniken sich auf den Nachweis von Genprodukten oder von Antikörpern gegen Genprodukte eines Virus beschränken, erlauben *gentechnologische Methoden* den direkten Zugriff auf die Erbsubstanz des Virus. Die Kenntnis des Genoms (DNA, RNA) eröffnet eine Vielzahl neuer Möglichkeiten für Diagnostik und Prävention. Die Expression von Genen in Expressionsvektoren und die Gewinnung immunogener, aber biologisch inaktiver Peptide, dient der Herstellung von Vaccinen und diagnostisch einsetzbaren Virusantigenen. Die Kenntnis der Sequenz des Genoms gestattet die Berechnung der möglichen Genprodukte, die Synthese hydrophiler und damit wahrscheinlich antigener Peptidfragmente, die dann ebenfalls zur Vaccination oder für die Diagnostik eingesetzt werden können. Clonierte Genome oder Sequenzen dienen als Gensonden zum direkten Erregernachweis in Körperflüssigkeiten und Gewebe. Die Anwendung dieser Hybridisierungstechniken erlaubt Einblicke in die Biologie und den Replikationsmechanismus der Viren, wodurch Hinweise auf Carcinogenese und mögliche Therapieformen erhalten werden können.

Die *Analyse eines Virusgenoms* bereitet heute keine wesentlichen Schwierigkeiten, wenn das Virus bekannt ist und in genügender Menge angereichert werden kann. Die Isolierung der DNA oder RNA, deren Clonierung und Sequenzierung erfolgt mit gentechnologischen Routinemethoden. So gelang es, die gesamte Sequenz des Hepatitis B-Virus in wenigen Monaten zu analysieren (Galibert et al. 1979; Valenzuela 1980). In den folgenden Jahren konnte der Replikationsmechanismus der Hepadna-Viridae teilweise aufgeklärt (Summers und Mason 1982; Miller et al. 1984) sowie der Einbau viraler DNA in das Wirtsgenom bei chronischen Hepatitiden und Carcinomen nachgewiesen werden (Brechot et al. 1981; Kam et al. 1982). Der Nachweis episomaler und eingebauter DNA in Hepatozyten ist für die Beurteilung möglicher antiviraler Therapien (Interferon) bei chronischen Hepatitiden wichtig, Studien über die Beziehung eingebauter DNA-Sequenzen zum hepatozellulären Carcinom werden zur Zeit vielerorts durchgeführt.

Auch die Sequenz der cDNA und damit des RNA-Genoms des Hepatitis A-Virus ist inzwischen bekannt (Baroudy et al. 1985; Linemeyer et al. 1985; Najarian et al. 1985). Die kürzlich erfolgte Aufklärung der RNA-Sequenz des Delta-Virus eröffnet die Möglichkeit, Delta-Antigen im Serum und im Lebergewebe empfindlich und spezifisch nachzuweisen (Wang et al. 1986; Denniston et al. 1986).

Gentechnologische Methoden scheinen jetzt auch bei dem Versuch zum Nachweis des oder eines Erregers der Hepatitis Non-A, Non-B Erfolg zu versprechen. Bei Patienten mit Hepatitis Non-A, Non-B wurde eine Immunglobulin-bindende Substanz im Stuhl gefunden (Seelig et al. 1983), die je nach klinischen Auswahlkriterien in 34–70% sporadischer und posttransfusioneller Non-A, Non-B-Patienten nachgewiesen werden kann (Seelig et al. 1988). In diesem Material ließen sich minimale Mengen einer proteingeschützten DNA darstellen. Diese DNA wurde cloniert, charakterisiert und teilweise sequenziert. Die kleine circuläre, partiell doppelsträngige DNA gleicht in ihrer Struktur dem Hepatitis B-Virus-Genom. Sie weist keine Sequenzhomologien mit bisher bekannter prokaryonter, Plasmid- oder humaner DNA auf. Nach dem Vergleich der sequenzierten Segmente handelt es sich um keine der bereits bekannten Virus-DNA. Teilfragmente des Genoms zeigen schwache Kreuzhybridisierungen mit HBV-DNA. Nach unseren bisherigen Untersuchungen sind die Konzentrationen dieser DNA im Serum von Patienten mit Hepatitis Non-A, Non-B jedoch in der Regel zu gering, als daß sie mit den gängigen Hybridisierungstechniken nachgewiesen werden könnten. Mit Hilfe von Amplifizierungsmethoden (SAIKI et al. 1986), die innerhalb weniger Stunden eine millionenfache Anreicherung genetischen Materials erlauben, gelang es jedoch, auch in Seren von Patienten mit Hepatitis Non-A, Non-B dieses DNA-Genom nachzuweisen.

Diese Amplifizierungsmethoden können auch an fixiertem und paraffineingebettetem genetischem Material angewandt werden (IMPRAIM et al. 1987). Der *Einsatz solcher gentechnologischen Methoden in der Pathologie,* der über Jahre gesammeltes, histologisch begutachtetes Untersuchungsmaterial zur Verfügung steht, könnte in den nächsten Jahren nicht nur einen *wesentlichen Beitrag* zur Pathogenese der Hepatitis Non-A, Non-B, sondern auch zur Pathogenese anderer Erkrankungen liefern.

Literatur

ALMEIDA, J.D., D. RÚBENSTEIN, E.J. STOTT: New antigen-antibody system in Australia-antigen-positive hepatitis. Lancet *2,* 1225–1227 (1971)

ALTER, H.J., P.V. HOLLAND, A.G. MORROW, R.H. PURCELL, S.M. FEINSTONE, Y.MORITSUGU: Clinical and serological analysis of transfusion-associated hepatitis. Lancet *2,* 838–841 (1975)

BAROUDY, B.M., J.R. TICEHURST, T.A. MIELE, J.V. MAIZEL JR, R.H. PURCELL, S.M. FEINSTONE: Sequence analysis of hepatitis A virus cDNA coding for capsid proteins and RNA polymerase. Proc. Natl. Acad. Sci. USA *82,* 2143–2147 (1985)

BAYER, M.E., B.S. BLUMBERG, P. WERNER: Particles associated with Australia antigen in the sera of patients with leukaemia, Down's syndrome and hepatitis. Nature *218,* 1057–1059 (1968)

BECHHOLD, H.: Strukturbildung in Gallerten. Z. physiol. Chem. *52,* 1985 (1905)

BEDSON, S.P., J.O.W. BLAND: Complementfixation with filtrable viruses and their antisera. Br. J. Exp. Pathol. *11,* 393–404 (1929)

BERG, P.A.: Chronisch aktive (aggressive) Hepatitis: Zur Differentialdiagnose der lupoiden (ANA-positiv) und cholestatisch verlaufenden (AMA-positiv) Hepatitis. Dtsch. Med. Wschr. *101,* 1536 (1976)

BIANCHI, L., F. GUDAT, W. SONNABEND: Core- und Surface-Antigen im Lebergewebe und Verlaufsformen der Hepatitis B. In: Aktuelle Probleme der klinischen Hepatologie, A. Neumayr (Hrsg.), Verlag Gerhard Witzstrock GmbH, Baden-Baden, Brüssel, 290–316 (1975)

BLUMBERG, B.S., H.J. ALTER, S. VISNICH: A „new" antigen in leukemia sera. JAMA 191, 101–106 (1965)

BLUMBERG, B.S., B.J.S. GERSTLEY, D.A. HUNGERFORD, W.T. LONDON, A.I. SUTNICK: A serum antigen (Australia antigen) in Down's syndrome, leukemia and hepatitis. Ann. Intern. Med. *66,* 924–931 (1967)

BRECHOT, C., M. HADCHOUEL, J. SCOTTO, M. FONCK, F. POTET, G.N. VYAS, P. TIOLLAIS: State of heaptitis B virus DNA in hepatocytes of patients with hepatitis B surface antigen-positive and -negative liver disease. Proc. Natl. Acad. Sci. USA *78,* 3906–3910 (1981)

COONS, A.H., H.J. CREECH, R.N. JONES: Immunological properties of an antibody containing a fluorescent group. Proc. Soc. Exper. Biol. & Med. (N.Y.) *47,* 200–202 (1941)

DANE, D.S., C.H. CAMERON, M. BRIGGS: Virus-like particles in serum of patients with Australia-antigen-associated hepatitis. Lancet *1,* 695–698 (1970)

DENNISTON, K.J., B.H. HOYER, A. SMEDILE, F.V. WELLS, J. NELSON, J.L. GERIN: Cloned fragment of the hepatitis delta virus RNA genome: sequence and diagnostic application. Science *232,* 873–875 (1986)

DE RITIS, F., M. COLTORTI, G. GIUSTI: Attivitá transaminasica de siero um ano nell'epatite virale. Minerva med. *46,* 1207 (1955)

ELEK, S.D.: The recognition of toxogenic bacterial strains in vitro. Brit. Med. J., *I,* 483 (1948)

FEINSTONE, S.M., A.Z. KAPIKIAN, R.H. PURCELL: Hepatitis A: Detection by immune electron microscopy of a virus-like antigen associated with acute illness. Science *182,* 1026–1028 (1973)

FEINSTONE, S.M., A.Z. KAPIKIAN, R.H. PURCELL, H.J. ALTER, P.V. HOLLAND: Transfusion-associated hepatitis not due to viral hepatitis type A or B. N. Engl. J. Med. *292,* 767–770 (1975)

GAJUDSEK, D.C.: An „autoimmune“ reaction against human tissue antigens in certain acute and chronic diseases: I. Serological investigations. Arch. Intern. Med. *101,* 9 (1958)

GALIBERT, F., E. MANDART, F. FITOUSSI, P. TIOLLAIS, P. CHARNAY: Nucleotide sequence of hepatitis B virus genome (subtype ayw) cloned in E. coli. Nature *281,* 646–650 (1979)

GERLACH, U.: Enzymaktivität im Serum bei Krankheiten der Leber und Gallenwege. In: Praktische Enzymologie, F. W. Schmidt (Hrsg.), Verlag Hans Huber Bern, Stuttgart, Vol. 1, 165–196 (1968)

GRABAR, P.: Etudes sur les protéines à l'aide de méthodes immunochimiques. Bull. Soc. Chim. biol *36,* 15 (1955)

GREENWOOD, F.C., W.M. HUNTER, J.S. GLOVER: The preparation of ^{131}I labelled human growth hormone of high specific radioactivity. Biochem. J. *89,* 114–123 (1963)

HOLLINGER, F.B., D.W. BRADLEY, J.E. MAYNARD, G.R. DREESMAN, J.L. MELNICK: Detection of hepatitis A viral antigen by radioimmunoassay. J. Immunol. *115,* 1464–1466 (1975)

HOPF, U., K.H. MEYER ZUM BÜSCHENFELDE, W. ARNOLD: Detection of a liver membrane autoantibody in HBsAg-negative chronic active hepatitis. N. Engl. J. Med. *294,* 578 (1976)

IMPRAIM, C.C., R.K. SAIKI, H.A. ERLICH, R.L. TEPLITZ: Analysis of DNA extracted from formalin-fixed, paraffin-embedded tissues by enzymatic amplification and hybridization with sequence-specific oligonucleotides. Biochem. Biophys. Res. Commun. *142,* 710–716 (1987)

JEZLER, A.: Die Takata-Reaktion als differentialdiagnostisches Mittel bei der Untersuchung von Punktionsflüssigkeiten, insbesondere Ascites. Schweiz. med. Wschr., *60,* 52 (1930)

JOHNSON, G.D., E.J. HOLBOROW, L.E. GLYNN: Antibody to smooth muscle in patients with liver disease. Lancet *2,* 878 (1965)

KABAT, E.A., M.M. MAYER: Experimental Immunochemistry. Charles C. Thomas, Springfield, Illinois, 1961

KAM, W., L. RALL, E. SMUCKLER, R. SCHMID, W. RUTTER: Hepatitis B viral DNA in liver and serum of asymptomatic carriers. Proc. Natl. Acad. Sci. USA *79,* 7522–7526 (1982)

KOFF, R.S., J. GALAMBOS: Viral hepatitis. In: Schiff, L. und Schiff, E.R.: Diseases of the liver. Lippincott, Philadelphia, Toronto, 1982, p. 461–610

KOHLER, G., C. MILSTEIN: Continuous cultures of fused cells secreting antibody of predefined specificity. Nature *256,* 495–497 (1975)

LINEMEYER, D.L., J.G. MENKE, A. MARTIN-GALLARDO, J.V. HUGHES, A. YOUNG, S.W. MITRA: Molecular cloning and partial sequencing of hepatitis A viral cDNA. J. Virol. *54,* 247–255 (1985)

LÜRMAN, A.: Eine Icterusepidemie. Berl. Klin. Wschr. *22,* 20–23 (1885)

MACCALLUM, F.O.: Homologous serum jaundice. Lancet *2,* 691–692 (1947)

MACKAY, I.R., D.C. GAJUDSEK: An „autoimmune“ reaction against human tissue antigens in certain acute and chronic diseases: II. Clinical correlations. Arch. Intern. Med. *101,* 30 (1958)

MAGNIUS, L.O., A. ESPMARK: A new antigen complex co-occurring with Australia antigen. Acta path. microbiol. scand. Section B, *80,* 335–337 (1972)

MATHIESON, L.R.: Detection of hepatitis A antigen by immunofluorescence. Infect. Immun. *18,* 524 (1977)

MILLER, R.H., C.-T. TRAN, W.S. ROBINSON: Hepatits B virus particles of plasma and liver contain viral DNA-RNA hybrid molecules. Virology *139,* 53–63, (1984)

NAJARIAN, R., D. CAPUT, W. GEE, S.J. POTTER, A. RENARD, J. MERRYWEATHER, G. VAN NEST, D. DINA: Primary structure and gene organization of human hepatitis A virus. Proc. Natl. Acad. Sci. USA *82,* 2627–2631 (1985)

OKOCHI, K., S. MURAKAMI: Observations on Australia antigen in Japanese. Vox Sang. *15,* 374–385 (1968)

OUCHTERLONY, Ö.: In vitro method for testing the toxin-producing capacity of diphtheria bacterial. Acta Pathol. Microbiol. Scand. *25,* 186 (1948)

PRINCE, A.M.: An antigen detected in the blood during the incubation period of serum hepatitis. Proc. Natl. Acad. Sci. USA *60,* 814–821 (1968)

PURCELL, R.H., D.C. WONG, Y. MORITSUGU, J.L. DIENSTAG, J.A. ROUTENBERG, J.D. BOGGS: A microtiter solid-phase radioimmunoassay for hepatits A antigen and antibody. J. Immunol. *116,* 349–356 (1976)

RIZZETTO, M., G. SWANA, D. DONIACH: Microsomal antibodies in active chronic hepatitis and other disorders. Clin. Exp. Immunol. *15,* 331 (1973)

RIZZETTO, M., M.G. CANESE, S. ARICO, O. CRIVELLI, C. TREPO, F. BONINO, G. VERME: Immunofluorescence detection of new antigen-antibody system (delta/anti-delta) associated to hepatitis B virus in liver and in serum of HBsAg carriers. Gut *18,* 997–1003 (1977)

SAIKI, R.K., S. SCHARF, F. FALOONA, K.B. MULLIS, G.T. HORN, H.A. ERLICH, N. ARNHEIM: Enzymatic amplification of β-globin genomic sequences and restriction site analysis for diagnosis of sickle cell anemia. Science *230,* 1076–1078 (1986)

SEELIG, R., H. LIEHR, H.P. SEELIG: Detection of a Non-A, Non-B hepatitis associated substance in stools. Develop. biol. Standard *54,* 497–500 (1983)

SEELIG, R., H. LIEHR, E. WILDHIRT, R. RINGELMANN, M. HILFENHAUS, P.M. REISERT, J. REITINGER, J. BURCKHARDT, H.P. SEELIG: Hepatitis Non-A, Non-B-assoziierte Substanz im Stuhl von Patienten mit posttransfusioneller und sporadischer Hepatitis Non-A, Non-B. Immun. Infekt. (1988) im Druck

SUMMERS, J., W.S. MASON: Replication of the genome of a hepatitis B-like virus by reverse transcription of an RNA intermediate. Cell *29,* 403–415 (1982)

TISELIUS, A.: Electrophoresis of serum globulins. Biochem. J. *31,* 313 (1937)

TISELIUS, A., E.A. KABAT: Electrophoresis of immune serum. Science *87,* 416 (1938)

VALENZUELA, P., M. QUIROGA, J. ZALDIVAR, P. GRAY, W.J. RUTTER: The nucleotide sequence of the hepatitis B genome and the identification of the major viral genes. In: Animal Virus Genetics, B. Fields, R. Jaenisch, C.F. Fox (Hrsg.), Academic Press, New York, 57–70 (1980)

WALKER, J.G., D. DONIACH, I.M. ROITT, S. SHERLOCK: Serological tests in diagnosis of primary biliary cirrhosis. Lancet *1,* 827–831 (1965)

WANDS, J.R., R.R. BRUNS, R.I. CARLSON, A. WARE, J.E. MENITOVE, K.J. ISSELBACHER: Monoclonal IgM radioimmunoassay for hepatitis B surface antigen: High binding activity in serum that is unreactive with conventional antibodies. Proc. Natl. Acad. Sci. USA *79,* 1277–1281 (1982)

WANG, K.-S., Q.-L. CHOO, A.J. WEINER, J.-H. OU, R.C. NAJARIAN, R.M. THAYER, G.T. MULLENBACH, K.J. DENNISTON, J.L. GERIN, M. HOUGHTON: Structure, sequence and expression of the hepatitis delta (d) viral genome. Nature *323,* 508–514 (1986)

WELTMANN, O.: Über die Spiegelung exsudativ-entzündlicher und fibröser Vorgänge im Blutserum. Med. Klinik *26,* 240 (1930)

Gestaltwandel der akuten Pankreatitis

P. Stömmer

Gestaltwandel ist ein Phänomen des Lebens und damit auch des Kranken in seiner Krankheit. Gestaltwandel einer nosologischen Entität bedeutet jedoch mehr: eine Änderung des durchschnittlichen Verlaufs der Krankheit gewonnen aus der Summation der Beobachtungen hinsichtlich Ätiologie, Pathogenese, Schweregrad, Dauer oder Konsequenzen bei verschiedenen Individuen. Er kann absolut sein, wenn sich die inneren oder äußeren Bedingungen der Krankheit ändern; ein *relativer* Gestaltwandel ist aber auch wahrzunehmen, wenn der Blickwinkel des Betrachters aufgrund neuer Erkenntnisse, geänderter Vorstellungen und modifizierter Krankheitsdefinitionen wechselt. Befunde und pathologische Deutung (Pathomorphose im Sinne von Doerr [1955] und Müller [1969]) der Pankreatitis sind dafür Beispiel.

Akute Pankreatitis: Gestaltwandel der Ideengeschichte

Obwohl sich das Pankreas, morphologisch gesehen, im Mittelpunkt des menschlichen Körpers befindet, waren seine Erkrankungen lange Zeit terra incognita.

Abgesehen von der nicht sehr zuverlässigen Mitteilung, daß der Kirchenvater Arius nach einem Gastmahl seine verdauten Eingeweide erbrochen haben soll, datieren rein phänomenologische Beschreibungen von Pankreasdestruktionen auf den Beginn der Neuzeit (Bonetus [1664] und Morgagni [1761]).

Friedrich Albert v. Zenker, der Gründer des Erlanger Pathologischen Instituts, beschrieb dann auf der Versammlung der Deutschen Naturforscher und Ärzte 1874 drei Fälle einer Destruktion des Pankreas im Sinne einer Durchblutungsstörung, eines *apoplektischen Insults,* als Pankreashämorrhagie infolge allgemeiner oder lokalisierter haemorrhagischer Diathese. Der Haematomdruck auf den Plexus solaris sollte einen reflektorischen Herzstillstand auslösen.

Die Deutung der Pankreasnekrose als Selbstverdauung eines Organs war erst möglich, nachdem Claude Bernard's geniale Experimente zur Wirkung des Bauchspeichels Eingang in die pathologische Literatur fanden. Langerhans (1890), Fitz (1889), Hildebrand (1895) und Chiari (1902) trugen sie vehement vor. Damit war die These von der Pankreasapoplexie, der Durchblu-

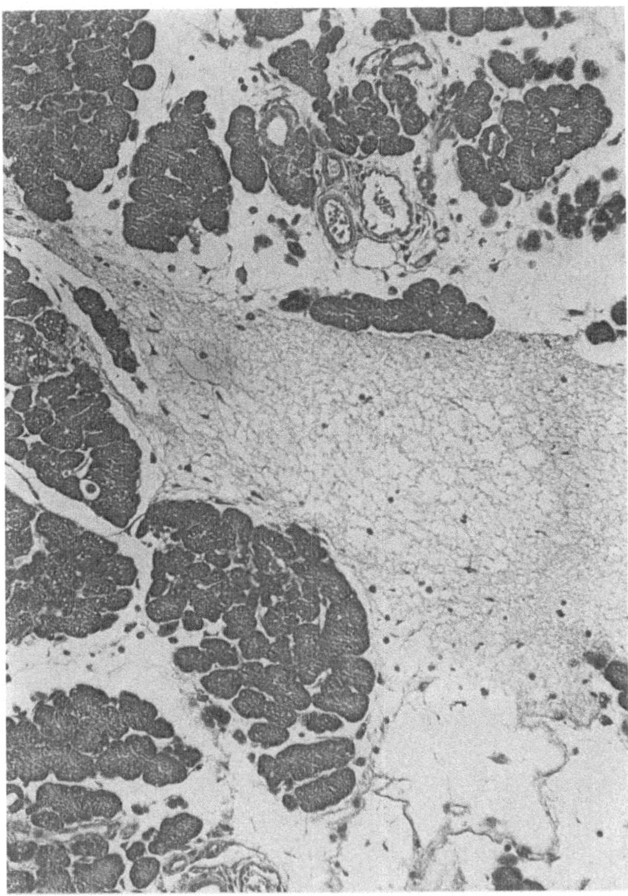

Abb. 1. Das Speichelödem (Zoepffel 1922) ist die Voraussetzung, die Drehscheibe für das Entstehen einer akuten Pankreatitis. Doch nur bei gleichzeitiger „Verdaubereitschaft" des Parenchyms können vitale Zellen digeriert werden. Voigt-Färbung. Vergr. 1:180

tungsstörung als Wesen der Pankreatitis, zunächst ad acta gelegt – um später in modifizierter Form wieder aufzutauchen.

Die akute Pankreatitis ist charakterisiert durch die Trypsis, d. h. eine Destruktion des Organs durch eigene, für die Sekretion bestimmte Enzyme. Die akute Pankreatitis ist eine quasispezifische (Doerr u. Mitarb. 1965) und die *organeigentümliche* Erkrankung des Pankreas (Becker 1981). Das Wesen der Erkrankung ist damit erkannt, doch Aetiologie und Pathogenese bleiben bis heute Gegenstand der Diskussion.

Der „Königsweg" zur tryptischen Nekrose führt über das Zoepffel'sche Speichelödem (Zoepffel 1922). Doch nur ein geringer Teil der Speichelödeme mündet in eine tryptische Nekrose (Abb. 1). Die Entstehungsbedingungen der „ersten" Azinuszellnekrose sind ungeklärt. Ist die „erste" Nekrose hypoxisch bedingt und Folge einer Durchblutungsstörung infolge Vasospasmus (Natus

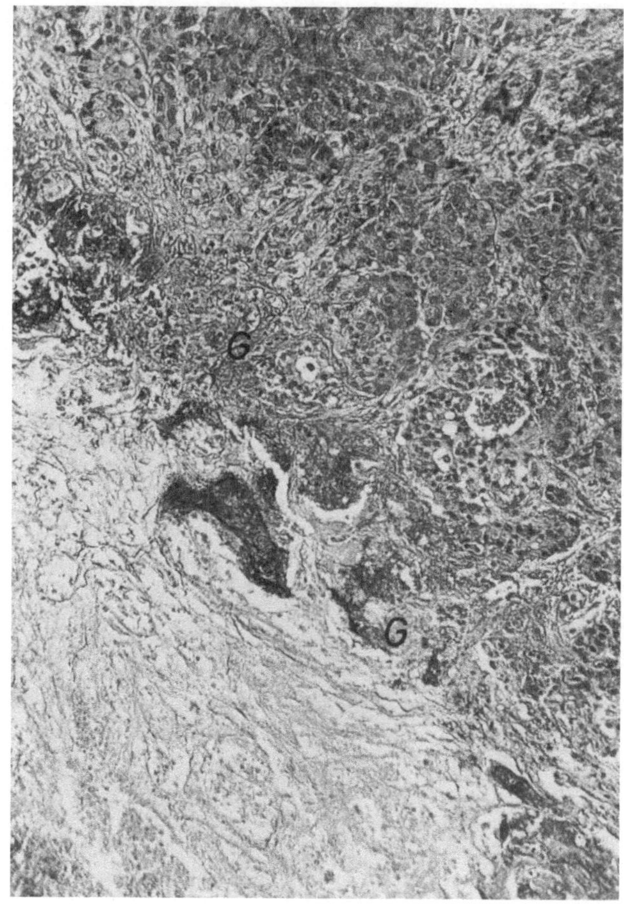

Abb. 2. Biliäre Imbibition *(G),* tryptische Nekrosen bei Gallenstein-induzierter Pankreatitis. Galle führt, ebenso wie andere Noxen, zu einer „Verdaubarkeit" selbst vitaler Pankreaszellen. Haematoxylin-Safran-Färbung. Vergr. 1:180

1910; KNAPE 1912), Kapillarschädigung oder Thrombose (BENEKE 1904; REITMANN 1909; AUFDERMAUR 1947; HARDAWAY u. Mitarb. 1959; FLEISCHER 1984; DISCHUNEIT 1987)? Erfolgt die Aktivierung von Pankreasfermenten im azidotischen Milieu (WANKE 1970) extrazellulär mit Rückdiffusion in das pankreatische Interstitium (REBER 1987) oder intrazellulär unter dem Einfluß lysosomaler Enzyme (FIGARELLA 1987; KERN 1984)? Welche Rolle spielen dysplastische Zymogengranula (Abb. 2) und Blockierungen vor dem Golgi-Apparat (MERISKO u. Mitarb. 1986)? Können die inaktiven Pankreasfermente durch freigesetzte bakterielle Enzyme aszendierter Keime aktiviert werden (OSER 1898; ARNSBERGER 1904; DIECKHOFF 1894; RICHTER u. Mitarb. 1982)? Erfolgt die „erste Nekrose" durch eine intrapankreatische Arthus-Reaktion (THAL 1955) oder ein lokales SHWARTZMAN-SANARELLI-Phänomen (KORN 1963; Übersicht bei SEELIG u. Mitarb. 1976)?

Opie (1901) wies auf die Bedeutung eines in der Papille inkarzerierten Gallensteines als Ursache einzelner Pankreasnekrosen hin; aber ist ein Galleinflux in den Ductus Wirsungianus mit toxischer Einwirkung auf das Zytosol (Doerr u. Mitarb. 1965) und Labilisierung der Zellmembranen bis hin zur detergensbedingten Nekrose (Wanke 1970; Stömmer 1985) in jedem Falle erforderlich? Welche Rolle spielen Sekretstau und nerval bedingte Hypersekretion (Bleyl 1963; Sarles u. Mitarb. 1986) für die Entstehung eines Zoepffel'schen Speichelödems (Zoepffel 1922; rich u. Duff 1936)?

Simultan erfolgte die Suche nach dem Schlüsselenzym der Pankreatitis: Trypsine sind zur Autoaktivierung fähig und entscheidend für die Aktivierung der anderen Pankreasfermente. Aber weder Trypsine (Becker u. Wilde 1963) noch zahlreiche andere Pankreasfermente wie Chymotrypsine, Elastase, Phospholipase oder Lipase sind in der Lage, vitale Zellen in vitro zu lysieren (Stömmer 1985, 1986, 1987). Vor allem Becker wies auf die Bedeutung der metabolischen Pankreasschädigung als Grundvoraussetzung der Trypsis hin (Becker 1976). Nur die Summation, das Konzert aus Speichelödem mit aktivierten Pankreasfermenten *und* einer Stoffwechselstörung kann den Circulus vitiosus der akuten tryptischen Pankreatitis induzieren.

Die Übertragung der vielen pathogenetischen Vorstellungen und experimentellen Ergebnisse auf die tryptische Pankreatitis des Menschen führte zur Abtrennung von Sonderformen: eine ätiologische Klassifikation in biliäre, alkoholische, metabolische, postoperative, idiopathische und terminale akute Pankreatitis wurde vorgeschlagen. Ischämische Pankreasnekrosen wurden davon als separate Entität abgetrennt (Dürr 1979; White u. Mitarb. 1970; Becker u. Stollhoff 1985; Jones u. Mitarb. 1982; Whipple 1907; Jannke 1986). Die gemeinsame Endstrecke ist aber stets eine fokale oder generalisierte, autodigestiv-tryptische Nekrose, die Selbstverdauung des Organs.

Auch im *Sektionssaal* vollzog sich ein *Gestaltwandel der akuten Pankreatitis* in den letzten Jahrzehnten. 165 Fälle von akuter, letaler Bauchspeicheldrüsen-Entzündung der letzten 20 Jahre wurden in 5-Jahres-Perioden eingeteilt und retrospektiv analysiert.

1. Pathogenese

Zu Beginn der Untersuchungsperiode (1965–1970) waren 80% der akuten Pankreatitiden durch einen in der Papille inkarzerierten oder papillennahe im Duodenum gelegenen Gallenstein gekennzeichnet. Die Histologie der Pankreaten ergibt häufig eine biliäre Imbibition der nekrotischen Pankreasareale (Abb. 2) (Ähnliche Zahlen bei Acosta u. Mitarb. 1977). Später nahm die Häufigkeit von Gallensteinen als Ursache letaler Pankreatitis deutlich ab: in der letzten Periode (1981–1985) waren nur noch in 20% der Fälle Konkremente in Gallenblase oder ableitenden Gallenwegen vorhanden (vgl. Tabelle 1). Frühzeitige operativ-endoskopische Interventionen verringern die Zahl der letalen Ausgänge (Lux u. Mitarb. 1984). Alkohol-assoziierte und idiopathische Bauchspeicheldrüsenentzündungen nahmen nachhinkend zu amerikanischen Daten (relativ) zu (Ammann u. Mitarb. 1986; Schröder 1987; Gyr u. Mitarb.

Tabelle 1. Aetiologische Faktoren der akuten Pankreatitis

	Gallenstein – assoziierte Pankreatitis	Alkohol + idiopath Pankreatitis	„Postoperative" Pankreatitis
	1966–70	80%	0%
1971–75	50&	50%	0%
1976–80	21%	74%	5%
1981–85	18%	68%	14%

Tabelle 2: Überlebensdauer bei letaler akuter Pankreatitis (Durchschnitt +/– Stichprobenstandardabweichung). Alle Sektionsfälle von akuter Pankreatitis, unabhängig von der Therapie

1966–70:	10	(+/– 2,6)	Tage
1971–75:	15,2	(+/– 4,5)	Tage
1976–80:	20,9	(+/– 3,7)	Tage
1981–85:	28,8	/+/– 4,4)	Tage

1984; Dürr 1979). Der gleiche Effekt wurde von Höfler (1978) mitgeteilt. Auch die Häufigkeit der (seltenen) postoperativen Pankreatitis ist gestiegen: von 0 auf 14% (Wir verstehen hierunter eine Pankreatitis nach pankreas-*ferner* Operation). Pankreatitiden durch neu eingeführte Medikamente wurden beobachtet (Valproinsäure-Pankreatitis bei 2 Kindern: s. Wyllie u. Mitarb. 1984; Wagner-Thiessen 1985).

2. *Überlebensdauer*

Eine gravierende Änderung zeigt die Krankheitsdauer der schlußendlich doch an der akuten Pankreatitis verstorbenen Patienten. Sie verdreifachte sich in den letzten zwanzig Jahren (Tabelle 2), bedingt durch modifizierte, verbesserte internistische und chirurgische Therapie (Gebhardt u. Mitarb. 1986; Domschke 1987). Während von 1966–1970 nur 18% der Patienten die akute Pankreatitis länger als 14 Tage überlebten, waren dies 1981–85: 59%!

3. *Pankreasmorphologie*

Die morphologischen Veränderungen am Pankreas und den pankreasfernen Organen spiegeln die unterschiedliche Überlebensdauer wieder. Von Operationspräparaten abgesehen, ist deshalb die peripherische Form der akuten Pankreatitis mit überwiegend peripankreatischen, kaum demarkierten Fettgewebsnekrosen und mantelförmigen Parenchymnekrosen seltener als früher. Eine zunehmende Zahl von Patienten unseres Untersuchungsguts wurde operativ durch Pankreaslinksresektion und Nekrosektomie behandelt (Gebhardt u. Mitarb. 1986).

Tabelle 3: Letale akute tryptische Pankreatitis: Häufigkeit von Pankreaslinksresektion, in situ verbliebenen, nicht gereinigten Pseudocysten, großen Pankreassequestern und hochgradigen Nekrosestraßen paraaortal. % der Fälle eines Quintennium

	Linksresekt.	Ps.-cyste	Sequestr.	Nekrosestr.
1971–75:	10%	50%	40%	50%
1976–80:	15%	28%	35%	30%
1981–85:	28%	31%	26%	26%

Tabelle 4: Gestaltwandel der Komplikationen bei akuter tryptischer Pankreatitis. Relative Häufigkeit von massiver Blutung, akutem Nierenversagen (ANV), respiratorischer Insuffizienz (ARDS) und Sepsis/Septicopyämie

	Blutung	ANV	ARDS	Sepsis
1966–70:	50%	60%	60%	0%
1971–75:	30%	77%	63%	9%
1976–80:	35%	67%	75%	51%
1981–85:	25%	75%	86%	70%

Pankreassequester und nicht gereinigte Pseudozysten sind deshalb seltener als früher (Tabelle 3). Eine Fibrose des verbliebenen Pankreasparenchyms sowie peripankreatischer Nekrosen sind häufiger geworden und erfordern oft die differentialdiagnostische Abgrenzung gegen den akuten Schub einer chronisch-tryptischen Pankreatitis.

4. Komplikationen

Die gestiegene Überlebensdauer bei akuter tryptischer Pankreatitis bereitet den Boden auch für einen Gestaltwandel der Pankreatitis-*Komplikationen* (Stömmer 1987). Die große Blutung infolge Andauung der Arteria lienalis, gastroduodenalis oder gastroepiploica ist seltener geworden (Tabelle 4).

Folgen der systemischen Intoxikation durch Pankreasfermente und bakterielle Infektionen werden zur letzten Todesursache. Pankreatitis-induzierte Lungenschäden zeigen einen phasenhaften Verlauf und werden nicht selten lebenslimitierend; der Großteil der Patienten weist eine Anurie auf (Tabelle 4).

Die Besiedlung frischer tryptischer Pankreasnekrosen durch Bakterien ist ungewöhnlich (Frey u. Mitarb. 1979). Mit zunehmender Krankheitsdauer werden die Pankreasnekrosen (wahrscheinlich haematogen oder lymphogen aus dem Colon) infiziert, es entstehen sog. „infizierte Nekrosen" (Bittner u. Mitarb. 1987; Hancke u. Mitarb. 1987). Das eigene Untersuchungsgut zeigt eine starke Relation zwischen Krankheitsdauer und dem Auftreten von infizierten Nekrosen und Sepsis (Ähnliche Werte bei Köhler u. Mitarb. 1987). Korrespondierend werden im Sektionsgut zunehmend septische Komplikationen der akuten tryptischen Pankreatitis beobachtet (Tabelle 4). Akutes Nierenversagen und respiratorische Insuffizienz werden hierdurch verschlechtert (ROSCHER u. Mitarb. 1987; SEMSCH u. Mitarb. 1987).

Wie wird die künftige Gestalt der akuten Pankreatitis aussehen? Sicherlich werden sich die Komplikationen ändern und reduzieren, die Letalität wird abnehmen. Der Gedanke der Trypsis und die pathogenetische Erkenntnis vom Einwirken aktivierter Pankreasfermente auf ein stoffwechselgestörtes Pankreasparenchym wird bleiben – vielleicht ebenso wie die Auslösung durch ein voluminöses, alkoholreiches Gelage, findet sich doch schon im Sektionsprotokoll von ZENKERS Hand der Vermerk:

„Der Patient war öfter im Delirium tremens. Er war zu diesen Zeiten sehr unruhig und schwer zu pflegen, besonders da er sehr corpulent war. Diese Umstände veranlaßten die ohnehin nicht sehr liebevolle Tochter zu unliebsamen Ausdrücken. Als er tot in der Regnitz aufgefunden wurde... glaubte man allgemein, der Patient habe, vielleicht getrieben von den kleinen Unholden des Deliriums, sein Leben absichtlich in den Fluthen der Regnitz geendet'.

Zusammenfassung

Die Pathomorphose der akuten Pankreatitis wird gesteuert durch die quantitative Umlagerung pathogenetischer Momente. *Neben* die klassischen ätiopathogenetischen Bedingungen sind in den letzten Jahrzehnten vorwiegend die Spuren der luxurierenden alimentären, auch äthylischen Belastungen *und in deren Folge* unausgereifte immunologische Insulte mit perpetuierter mikrotryptischer Läsion getreten.

Literatur

ACOSTA, J.M., R. ROSSI, C.L. LEDESMA: The usefulness of stool screening for diagnosing cholelithiasis in acute pancreatitis. Am. J. Dig. Dis. *22*:168–172 (1977)

AMMANN R.W., K. BUEHLER, W. BRUEHLMANN, O. KEHL, R. MUENCH, B. STAMM: Acute alcoholic pancreatitis. Prospective longitudinal study of 144 Patients with recurrent alcoholic pancreatitis. Pancreas *1*:195–203 (1986)

ARNSBERGER, L.: Über die mit Gallensteinsymptomen verlaufende chronische Pankreatitis. Bruns Beitr. klin. Chir. *43*:235–246 (1904)

AUFDERMAUR, M.: Über Pankreasnekrose als Folge generalisierter Arteriitis. Gastroenterologia (Basel) *72*:81 (1947)

BECKER, V.: Allgemeine Pathologie der Bauchspeicheldrüse. In: Forell (Hrsg.): Handbuch der inneren Medizin III/6 Springer-Verlag 1976

BECKER, V.: Akute Pankreatitis: Funktionelle Morphologie einer eigentümlichen Erkrankung. Z. Gastroent. *19*:2–3–211 (1981)

BECKER, V., K. STOLLHOFF: Shock and terminal pancreatitis. Path. Res. Pract. *179*:512–516 (1985)

BECKER, V., W. WILDE: Pankreasschäden durch Trypsin in vitro. Klin. Wschr. *41*:73–75 (1963)

BENEKE, R.: Fall von akuter Pankreaserkrankung (Falldemonstration). Dtsch. med. Wschr. *29*:1331 (1904)

BIRCH-HIRSCHFELD, F.V.: Lehrbuch der pathologischen Anatomie. Vogel-Verlag Leipzig 1876

BITTNER, R., S. BLOCK, M. BÜCHLER, H.G. BEGER: Pancreatic abscess and infected pancreatitic necrosis. In: H.G. Beger, M. Büchler (Hrsg.): Acute Pancreatitis. Springer-Verlag Berlin 1987

BLEYL, U.: Die sog. nervale Pankreatitis und ihre pathophysiologischen Grundlagen. Z. Gastroenterologie *1*:335–350 (1963)

BONETUS zit. nach V. BECKER: Allgemeine Pathologie der Bauchspeicheldrüse. Springer Verlag Berlin 1976

CHIARI, H.: Über die Beziehungen zwischen Autodigestion des Pankreas und der Fettgewebsnekrose. Verh. dtsch. path. Ges. *5*:107 (1902)

DIECKHOFF, C.: Beiträge zur pathologischen Anatomie des Pankreas. Inaug. Diss. Rostock (1894)

DIEPGEN, P., G.B. GRUBER, H. SCHADEWALDT: Der Krankheitsbegriff, seine Geschichte und Problematik. In: F. Büchner, E. Letterer, R. Roulet (Hrsg.): Handbuch Allgemeine Pathologie Vol. 1. Springer-Verlag Berlin 1969

DITSCHUNEIT, H.: Hyperproteinemia in the Pathogenesis of acute pancreatitis. In: H.G. Beger, M. Büchler: Acute Pancreatitis. Springer-Verlag 1987

DOERR, W.: Pathomorphose durch chemische Therapie. Verh. Dtsch. Ges. Path. *39*:17 (1955)

DOERR, W., P.B. DIEZEL, K.-H. LASCH, W. NAGEL, J.A. ROSSNER, M. WANKE, F. WILLIG: Pathogenese der experimentellen autodigestiven Pankreatitis. Klin. Wschr. *43*:125–136 (1965)

DOMSCHKE, W.: Medical and/or surgical treatment of severe acute pancreatitis. In: H.G. Beger, M. Büchler (Hrsg.): Acute Pancreatitis. Springer-Verlag Berlin 1987

DÜRR G.M.K.: Acute pancreatitis. In: H.T. Howat, H. Sarles: The exocrine pancreas. Saunders-Verlag London 1979

FIGARELLA, C., M. AMOURIE, O. GUY-CROTTE: Enzyme activation and liberation: intracellular/extracellular events. In: G.H. Beger, M. Büchler (Hrsg.): Acute Pancreatitis. Springer-Verlag Berlin 1987

FITZ, R.: Acute pancreatitis. Boston med. Sci. J. *181*:205–221 (1889)

FLEISCHER, G.M., P. HERDEN, H. SPORMANN: Animal experiment studies on the role of ischemia in the pancreatitis. Zsch. Exp. Chir. 17:179 (1984)

FREY, C.F., S.M. LINDENAUER, T.A. MILLER: Pancreatic abscess. Surg. Gyn. Obstet. *149*:722–726 (1979)

GEBHARDT, C., R. MEISTER: Prognoseverbesserung bei akuter Pankreatitis. Chirurg *57*:381–387 (1986)

GYR, K., P.U. HEITZ, C. BEGLINGER: Pancreatitis. In: G. Klöppel, P.U. Heitz: Pancreatic Pathology. Churchill-Livingstone-Verlag Edinburgh 1984

HANCKE, E., G. MARKLEIN: Bacterial contamination of the pancreas with intestinal germs. In: H.G. Beger, M. Büchler (Hrsg.): Acute Pancreatitis. Springer-Verlag Berlin 1987

HARDAWAY, R.M, D.G. MCKAY: Production of acute hemorrhagic pancreatitis in dogs by means of an episode of intravascular clotting in the pancreas. Surgery *45*:557 (1959)

HILDEBRAND: Neue Experimente zur Erzeugung von Pancreatitis haemorrhagica und von Fettgewebsnekrosen. Arch. f. Klin. Chir. *57*:(1898)

HÖFLER, H.: Über die Häufigkeit, Ätiologie und Komplikationen der akuten Pankreatitis – eine retrospektive Studie. Innere Med. 5:273 (1978)

JANNKE, H.A.: Die ischämische Pankreasnekrose bei generalisierter Arteriitis und ihre Abgrenzung zur tryptischen Nekrose. Inaug. Diss. Erlangen 1986

Jones, R.T., G.E. Linhardt: Pathology and Pathophysiology of the exocrine pancreas in shock. In: R.A. Cowley, B.F. Trump: Pathophysiology of shock, anoxia and ischemia. Williams & Wilkins-Verlag London 1982

KERN, H.F., G. ADLER, G.A. SCHEELE: The concept of flow and compartmentation in understanding the pathobiology of pancreatitis. In: K.E. Gyr, M.V. Singer, H. Sarles: Pancreatitis – Concepts and Classification. Elsevier-Verlag Amsterdam 1984

KEYNES, W.M.: A non-pancreatic source of the proteolytic enzyme amidase and bacteriology in experimental acute pancreatitis. Ann. Surg. *191*:187–199 (1980)

KNAPE, R.: Untersuchungen über Pankreashaemorrhagie, Pankreatitis und Fettgewebsnekrose. Virch. Arch. *207*:277–320 (1912)

Köhler, H., G. Lepsien, H.D. Becker: Causes of Death in hemorrhagic necrotizing Pancreatitis. In: H.G. Beger, M. Büchler (Hrsg.): Acute Pancreatitis. Springer-Verlag Berlin 1987
Korn, K.J.: Haemorrhagisch-nekrotisierende Pankreatitis durch lokales Shwartzman-Phänomen. Frankf. Z. Path. *73*:203–227 (1963)
Langerhans, R.: Über Fettgewebsnekrose. X. Internat. Medicin. Congress: 144 Berlin 1890
Lux, G., J.F. Riemann, L. Demling: Biliäre Pankreatitis. Diagnostische und therapeutische Möglichkeiten durch ERCP und endoskopische Papillotomie. Z. Gastroent. *22*:346–351 (1984)
Merisko, E.M., M. Fletcher, G.E. Palade: The reorganisation of the Golgi complex in anoxic pancreatic acinar cells. Pancreas *1*:95–109 (1986)
Müller, E.: Panoramawandel von Krankheiten. Hdb. Allg. Path. Vol. I:73–76. Springer-Verlag Berlin 1969
Natus, M.: Beitrag zur Lehre von der Stase nach Versuchen am Pankreas des lebenden Kaninchens. Virch. Arch. *199*:1–14 (1910)
Opie, E.L.: The relation of cholelithiasis to disease of the pancreas and to fat necrosis. Am. J. med. Sci *1901*:27–43
Oser, A.: Die Erkrankungen des Pankreas. Nothnagels spez. Pathologie Bd. 18, 1. Teil. Wien 1898
Reber, H.A.: Changes in duct and vascular permeability: the key to the development of acute pancreatitis. In: H.G. Beger, M. Büchler (eds.) Acute pancreatitis. Springer-Verlag 1987
Reitmann 1909 zit. n. V. Becker: Bauchspeicheldrüse (Inselapparat ausgenommen). In: Doerr-Seifert-Uehlinger: Spezielle Pathologie Vol. 6 Springer Verlag Berlin 1973
Rich, A. R., G. L. Duff: Experimental and pathological studies on the pathogenesis of acute hermorrhagic pancreatitis. Johns Hopkins Hosp. Bull. 58:212 (1936)
Richter, K., J. Birkmann: Licht- und elektronenmikroskopische Untersuchungen am exokrinen Rattenpankreas nach intraductaler Instillation von E.coli. Verh. Dtsch. Ges. Path. *66*:597 (1982)
Roscher, R., H.G. Beger: Bacterial infection of pancreatic necrosis. In: H.G. Beger, M. Büchler (Hrsg.): Acute Pancreatitis. Springer-Verlag Berlin 1987
Sarles, H., J. Sahel, R. Laugier, L. Multio, A. Delacro, J. C. Dagorn: The Gastroenterology Annals – 3: Pancreas. Elsevier Verlag Amsterdam 1986
Schröder, T.: Surgical treatment of acute and chronic pancreatitis. Dig. Dis. *5*:116–124 (1987)
Seelig, R., H.P. Seelig, R. Rohnacher: Akute Pankreatitis nach intrapankreatischer Komplementaktivierung. Zschr. Gastroent. 14:654–667 (1976)
Semsch, B., J. Heitz, G. Beger, R. Häring: Influence of E.coli on the course of acute pancreatitis in minipigs. In: H.G. Beger, M. Büchler (Hrsg.): Acute Pancreatitis Springer Verlag (1987)
Stömmer, P.: Phospholipase A des Pankreas: In: Gastroenterologie und Stoffwechsel Vol. 14, Hrsg. H. Bartelheimer, H.A. Kühn, V. Becker, F. Stelzner: Thieme Verlag Stuttgart 1978
Stömmer, P.: Effect of hypoxia and metabolism on the digestibility of pancreas, liver and lung. Xth Europ. Congr. Athens 1985
Stömmer, P., U. Becker: Pankreatitis – induzierte Lungenschäden. Verhdlg. Dtsch. Ges. Path. 70:406 (1986)
Stömmer, P.: Pankreaserkrankungen und andere Organe. Ref. Verh. Dtsch. Ges. Path. 71:68–76 (1987).
Thal, A.: Studies on pancreatitis. II Acute pancreatic lesions produced experimentally by Arthus sensitation. Surgery 37:911 (1955)
Wagner-Thiessen, E.: Das Reye-Syndrom. Pathologe *6* 220–224 (1985)
Wanke, M.: Experimental acute Pancreatitis. Curr. Top. Path. Vol. 62 Springer Verlag Berlin (1970)
Whipple, G.H.: Pancreatitis and focal necrosis. Bull. Johns Hopkins Hosp. *18*:391–396 (1907)
White, T.T., A. Morgan, D. Hopton: Postoperative pancreatitis. A study of 70 cases. Am. J. Surg. *120*:132–137 (1970)
Wyllie, E., R. Wyllie, R.P. Cruse: Pancreatitis associated with valproic acid therapy. Am. J. Dis. Child. *138*:912–916 (1984)
Zoepffel, H.: Das akute Pankreasödem, eine Vorstufe der akuten Pankreasnekrose. Dtsch. Zschr. Chir *175*:301 (1922)

Proctocolitis im bioptischen Untersuchungsgut: Wandel im Spektrum infektiöser und nicht-infektiöser Veränderungen

B. Kaduk

Im Beobachtungszeitraum 01. Oktober 1971 bis 30. September 1987 waren im Erlanger Institut für Pathologie 6 bis 8% der Fälle des Einsendungsgutes colorectale Biopsate, die sowohl zur Abklärung nichtneoplastischer als auch neoplastischer Erkrankungen gewonnen worden waren. Hiervon stammten pro Jahr durchschnittlich 25% von Patienten mit akuten und chronischen entzündlichen Darmerkrankungen.

Die größte Gruppe bildet dabei die „nicht-klassifizierbare" bzw. „unspezifische Proctocolitis", die zum Zeitpunkt der Diagnostik allein mit morphologischen Mitteln keiner bestimmten Krankheitsentität zugeordnet werden konnte, auch nicht tendentiell.

Sieht man vom Zeitpunkt des Wechsels der Institutsleitung 1971/72 ab (i.e. 80%) schwankt dieser Anteil unter allen Colitisfällen in den Jahren danach zwischen 40 und 65%, wobei seit 1980 dieser Anteil sich bei ca. 40% stabilisiert (Abb.1). Die stetige Abnahme ist wohl in mehreren Faktoren begründet:

1. Die klinischen und endoskopischen Angaben zum Zeitpunkt der pathologisch-histologischen Diagnose sind relevanter geworden.
2. Die Befunder haben dazugelernt.
3. Der Standard und die Einschätzung histologischer Daten unter den verschiedenen Befundern des Instituts haben sich im Laufe der Zeit vereinheitlicht („sie sprechen die gleiche Sprache").
4. Die diagnostischen Möglichkeiten zur Festlegung bestimmter Krankheitsentitäten sind erweitert worden, so daß aus mancher früher „unspezifischen" Proctocolitis eine „definierte" geworden ist.

Die großen entzündlichen Darmerkrankungen Morbus Crohn und Colitis ulcerosa stellen das größte definierte Colitis-Kontingent dar. Daß dabei die Colitis ulcerosa überwiegt, entspricht den Ergebnissen großer Sammelstatistiken (Surawicz 1982)

Die Häufigkeit der Colitis ulcerosa unterliegt dabei den größten Schwankungen (zwischen 16 und 36%), wobei weltweit diese Streubreite erheblich ist (Mendeloff 1976 u. 1980). Seit 1983 ist die Schwankungsbreite mit 23,5 bis 31% enger geworden. Dies ist zum Teil darin begründet, daß anfänglich manche selbstlimitierte infectiöse Colitis zu vorschnell als Colitis ulcerosa angesehen wurde, da es gerade für die Colitis ulcerosa besonders viele Imitate gibt,

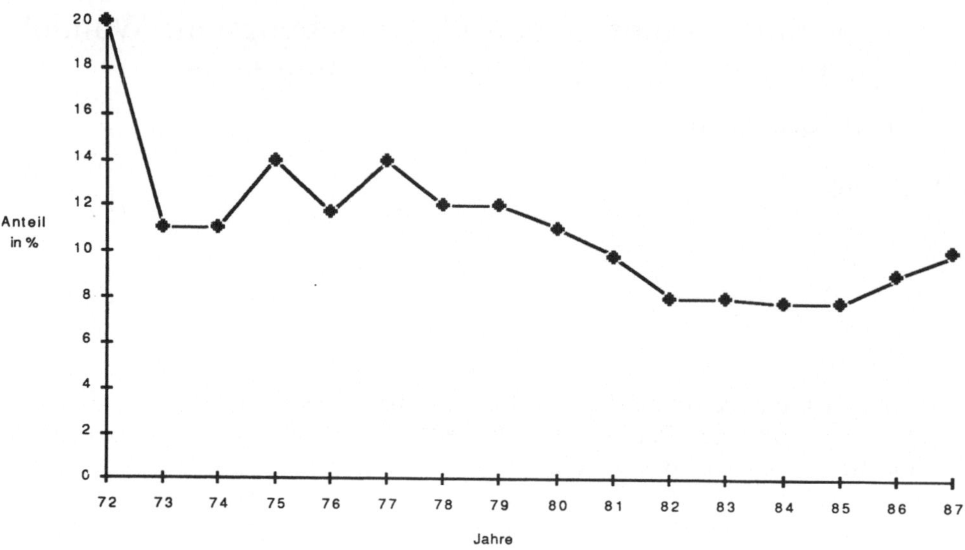

Abb. 1. Häufigkeit der nicht-klassifizierbaren (unspezifischen) Proktocolitis unter allen colorektalen Biopsaten (– bei einem Anteil der Colitispatienten von 25% des Gesamtkollektivs)

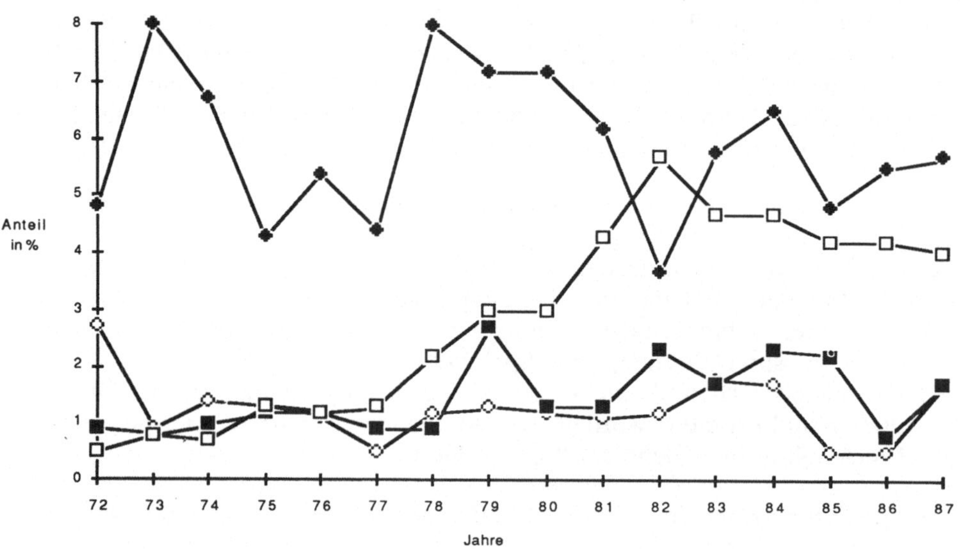

Abb. 2. Relation der Häufigkeit von Mb. Crohn und Colitis ulcerosa. ◆, Colitis ulcerosa; ◇, V. a. C.u., □, Mb. Crohn; ■, V. a. Mb. C.

die letztlich jedoch Manifestation einer akuten – wenn auch gelegentlich hartnäckigen und länger andauernden infectiösen bakteriellen oder viralen Colitis sind. Das Colon reagiert auf verschiedene bakterielle und virale Schädigungen in ziemlich gleichförmigen Reaktionsmustern und es ist vielleicht von der

Erfahrung und gewachsenen Standfestigkeit des jeweiligen Befunders abhängig, ob er sich u. U. in dieser Situation von seinem klinisch tätigen Partner in eine bestimmte Richtung pressen läßt oder nicht („muß doch-Diagnose"). Es ist oft eine Überforderung der Methode, wenn der Pathologe von seinem Kliniker aufgefordert und teilweise bedrängt wird, an einem einmaligen und singulären Biopsat eine definitive Diagnose zu stellen. Nur komplettierende bakteriologisch-kulturelle Untersuchungen der Faeces, serologische Titerbestimmungen, subtile Angaben zur Chronologie (Anamnese) und sequentielle Stufenbiopsien verschaffen höchstmögliche Sicherheit der Diagnose (Ottenjann 1983).

Der Morbus Crohn hat von 1,5% (1972) an stetig zugenommen und ist sogar 1982 in Erlangen häufiger diagnostiziert worden als die Colitis ulcerosa (Morbus Crohn 28%, Colitis ulcerosa 17,5%), um dann in der Häufigkeit auf ziemlich gleichem Niveau zu bleiben (seit 1983 jeweils ca. 14%). Diese Zunahme der Häufigkeit entspricht dem allgemeinen Trend der Inzidenz des Morbus Crohn und der Colitis ulcerosa. Während die Colitis ulcerosa in den vergangenen 20 Jahren nahezu gleichhäufig auftrat (Brandes und Lorenz-Meyer 1983, Mendeloff 1980), zeigt der Morbus Crohn im gleichen Zeitabschnitt ansteigende Tendenz mit derzeitiger Plateaubildung (Brandes und Lorenz-Meyer 1983; Mendeloff 1979).

Auch wenn das epitheloidzellige Granulom nicht das Signum mali darstellt, so ist es für den Pathologen doch mehr als nur hilfreich, wenn er mindestens das Mikrogranulom findet – und es entgeht ihm um so seltener, wenn viele Stufenschnitte angefertigt werden (Serien); dieses Prozedere wurde seit 1979 in Erlangen forciert, sodaß hierin sicher ein wesentlicher Faktor für die Zunahme und Stabilisierung auf gleichem Niveau bezüglich der Häufigkeit zu sehen ist. Dies korreliert mit den Ergebnissen von Surawicz et al. (1981).

Andere definierte Colitisformen kommen teilweise nur sporadisch vor und sind zahlenmäßig niedrig. Es sind Einzelfälle mit einer jeweiligen Häufigkeit zwischen 0,5 und 2,0% unter allen Colitisfällen.

Diese niedrige Inzidenz läßt sich für die Tuberkulose, die Amöbiasis und die Schistosomiasis plausibel erklären. Daß 1974 die einzige und letzte *Ileocoecaltuberkulose* diagnostiziert wurde, entspricht allen Ergebnissen dieser Zeit: die *primäre* Darmtuberkulose ist im Gegensatz zur unmittelbaren Nachkriegszeit in Mitteleuropa allgemein extrem selten geworden, nachdem entsprechend dem zumeist oralen Infektionsmodus die häufigste Infektionsquelle (infizierte Milch) nach der Sanierung und durch strenge Überwachung der Rinderbestände, sowie in Folge der modernen Milchverarbeitung ihre Bedeutung verloren hat. 1975 – 1978 – 1980 und 1981 wurde je einmal eine *Amöbiasis* nachgewiesen. Die morphologische Diagnose stützte sich allein auf den Nachweis PAS-positiver Amöben-Cysten innerhalb des nekrotisch-schleimigen Ulcusrand- und -grunddetritus. Da die Amöbiasis grundsätzlich fast alle Colitiden imitieren kann („tausend Gesichter" – Brandt und Pérez-Tamayo 1970; Pérez-Tamayo und Brandt 1971), ist es nicht verwunderlich, daß der colonoskopische Aspekt uncharakteristisch war.

Die durch Schistosoma japonicum und S. mansoni hervorgerufene *Schistosomiasis* des Dickdarms (Morson und Dawson 1979) bzw. *Bilharziose* konnte lediglich 1976 ein einziges Mal diagnostiziert werden. Da es sich sowohl bei der

Bilharziose als auch der Amöbiasis um Tropenkrankheiten handelt, werden Deutsche praktisch nur während oder nach touristischen oder beruflichen Aufenthalten in entsprechend feuchtwarmen Klimazonen erkranken („importierte Darmparasitosen" – KIMMIG und MERÖ 1983), so daß in diesen Breiten beide Krankheiten immer bezüglich ihrer Häufigkeit limitiert sind.

Eine *Aktinomykose* des Rektum wurde *ein*mal 1978 diagnostiziert; einmalig blieb auch ein Morbus Behçet im gleichen Jahr.

Etwas häufiger, aber insgesamt doch selten, trat eine *mykotische* Proctocolitis im Rahmen konsumierender Erkrankungen, bzw. endogener oder exogener immunologischer Hyp- und Anergie auf. Im gesamten Beobachtungszeitraum pro Jahr etwa drei bis vier Fälle. Die ätiologisch ähnlich begünstigte und erst 1979 durch KIES et al. bekannt gewordene *neutropenische* Colitis, die sich als nekrotisierende Colitis manifestiert, wurde lediglich einmal 1985 diagnostiziert.

In Kenntnis relevanter klinischer Angaben wurde fast jährlich ein bis dreimal eine ansonsten morphologisch nur durch uncharakteristische Schleimhautveränderungen gekennzeichnete *radiogene Proctocolitis* nach vorausgegangener Radiatio wegen Cervix-, Prostata-, Nieren- und Rectumcarcinom nachgewiesen. 1976 wurde zum ersten Mal und danach etwa viermal pro Jahr eine *ischämische* Colitis mit dem charakteristischen, bandförmigen, fibrinreichen Nekroseschorf an der Oberfläche, sowie dem teilweise fibrinreichen und hämorrhagischen Ödem in der Tunica propria und der Submucosa nachgewiesen. Auch wenn keine zuverlässigen Zahlen der Häufigkeit dieser Erkrankung existieren, entspricht die vorliegende Krankheitsfrequenz vergleichbaren Studien (HAGIHARA et al. 1979, SAKAI et al. 1980, WHITEHEAD 1971).

Die typischerweise Antibiotika-assoziierte *pseudomembranöse* Colitis trat ebenfalls nur selten auf: zwischen ein und fünf Mal pro Jahr. Diese geringe Häufigkeit korreliert mit der Erfahrung, daß die Anzahl schwerer Fälle niedrig und zudem die Tendenz stark rückläufig ist (MÜLLER-WIELAND 1983).

In den letzten Jahren ist das Spektrum durch *drei* weitere Proctocolitisformen erweitert worden, die einerseits gar nicht bekannt waren und somit eine völlig neue Entität darstellen oder andererseits erst durch neue subtile Methoden nachweisbar geworden sind. Auch ist der Boden für die eine oder andere (Sekundär-)Krankheit heutzutage durch Veränderung des Sozialverhaltens günstiger.

1. Durch neue hochsensible biochemische und mikrobiologische Nachweismethoden konnten in jüngster Zeit im Darm Viren entdeckt werden, die ohne jeden Zweifel ursächlich für zahlreiche Fälle akuter Gastroenteritiden verantwortlich sind. Dazu gehören Rota-, Norwalk-, Adeno-, Corona-, Astro-, Calici-, Echo-, Polio- und Zytomegalie-Viren (BLACKLOW und CUKOR 1981). Ein „altes" Virus wird seit wenigen Jahren häufiger als früher als Colitisverursacher ausgemacht: Die *Zytomegalieinfektion* im Rahmen allgemeiner konsumierender Krankheiten, unter exogener Immunsuppression (CLAVADETSCHER et al. 1974) und bei AIDS-Patienten. Dieses Virus wurde seit 1985 in Erlangen zwei bis drei Mal als Colitis-Verursacher nachgewiesen. Der Colonbefall ist häufig Auslöser für den Tod (FOUCAR et al. 1981).
2. Die *kollagene* Colitis ist erst seit 1976 durch Lindström als Krankheit bekannt. Im vorliegenden Patientengut wurde sie 1982 zum ersten Mal und

wird seither jährlich ein bis drei Mal nachgewiesen. Charakteristisch ist ein breiter subepithelialer hyaliner Saum, bzw. eine subepithelial verbreiterte Kollagenschicht. Elektronenmikroskopisch ist die Kollagenbildung teils eng mit der Basalmembran verknüpft, überwiegend jedoch in der angrenzenden Tunica propria ausgebildet. Ursächlich wird eine Differenzierungs- und Funktionsstörung der perikryptalen Bindegewebsscheide angenommen mit einer Überproduktion von Kollagen Typ III, I und Fibronektin.

3. Uncharakteristische („unspezifische") Proktitiden und Analfissuren sind bis heute *meist* ätiologisch unklare Befunde. Ein Teil dieser zunächst unklaren Fälle läßt sich jetzt nach Entwicklung Spezies-spezifischer monoclonaler Antikörper aufklären – im Speziellen durch Antikörper gegen Chlamydien (Bornschein und Staber 1985). Histologisch gelingt der Nachweis dieser obligat intrazellulären Mikroorganismen in der Immunperoxidase-Technik. Ein inzwischen kommerziell erhältlicher Immunfluoreszenztest ermöglicht den Direktnachweis mit gleich hoher Spezifität und Sensitivität wie in der aufwendigen Zellkultur.

Das Spektrum der infektiösen und nicht-infektiösen Procto-Colitis ist somit abhängig von und wandelt sich durch

1. verbesserte subtile diagnostische Methoden
2. veränderte und neue Therapieschemata (im Gefolge: Darminfektionen opportunistischer Keime, radiogene und pseudomembranöse Colitis)
3. neue Krankheiten (primär am Darm: z. B. kollagene Colitis; sekundär: z. B. AIDS)
4. Verdrängung alter Krankheiten (z. B. Darmtuberkulose)
5. den Diagnostiker (Pathologen).

Literatur

Blacklow, N.R., G. Cukor: Viral Gastroenteritis. N. Engl. J. Med. *304*:397–406 (1981)

Bornschein, W., F. Staber: Chlamydia trachomatis – eine häufige Ursache unspezifischer Proctitis und Fissuren. Inn. Med. *12*:153–158 (1985)

Brandes, J.-E., H. Lorenz-Meyer: Epidemiologische Aspekte zur Enterocolitis regionalis Crohn und Colitis ulcerosa in Marburg (Lahn) zwischen 1962 und 1975. Gastroenterol. 21:69–78 (1983)

Brandt, H., R.P. Pérez-Tamayo: Pathology of human amebiasis. Hum. Pathol. 1:351–385 (1970)

Clavadetscher, P., H. Sulser, E. Linder, P. Deyle: Zytomegalie – Ulkus im Coecum nach Nierentransplantation. Dtsch. Med. Wschr. 99:1970–1972 (1974)

Foucar, E., K. Mukai, K. Foucar, D.E.R. Sutherland, C.T. van Buren: Colon ulceration in lethal zytomegalovirus infection. Am. J. Clin. Path. 76:788–801 (1981)

Hagihara, P.F., J.C. Parker, W.O. Griffen Jr.: Incidence of ischemic colitis following abdominal aortic reconstruction. Surg. Gynecol. Obstet. 149:571–573 (1979)

Kies, M.S., D.W. Luedke, J.F. Boyd, M.J. McLue: Neutropenic enterocolitis. Two case reports of long-term survival following surgery. Cancer 43:730–734 (1979)

Kimmig, P., A.Merö: Importierte und autochthone Darmparasitosen. Deutsches Ärzteblatt 35:21–30 (1983)

Lindström, C.G.:Collagenous colitis. Endoscopy 14:31–33 (1976)

MENDELOFF, A.I.: Epidemiologic aspects of inflammatory bowel disease. In: Bockus, H.L. (ed.): Gastroenterology, 3rd ed., Vol. 2, pp 540–549. Saunders, Philadelphia London Toronto (1976)

MENDELOFF, A.I.: Epidemiology of Crohn's disease. Gastroenterology 17 (Suppl):66–69 (1979)

MENDELOFF, A.I.: The epidemiology of inflammatory bowel disease. Clin. Gastroenterol. 9:259–270 (1980)

MORSON, B.C., I.M.P. DAWSON: Gastrointestinal pathology. 2nd ed. Blackwell, Oxford London Edingburgh Melbourne (1979)

MÜLLER-WIELAND, K.: Die pseudomembranöse Kolitis (Antibiotika-induzierte Kolitis). In: Müller-Wieland, K. (Hrsg): Hdb. Inn. Med., 5 A, Bd. 3, Teil 4, S 801–807. Springer, Berlin Heidelberg New York (1983)

OTTENJANN, R., J. ALTARAS, K. ELSTER, P. HERMANEK: Atlas der Darmerkrankungen, Dickdarm I, p. 216. Pharmazeutische Verlagsgesellschaft München (1983)

PÉREZ-TAMAYO, R., H. BRANDT: Amebiasis: In: Marcial-Rojas, R.A. (ed.): Pathology of protozoal and helminthic diseases with clinical correlation, pp. 145–188. Williams & Wilkins, Baltimore (1971)

SAKAI, L., R. KELTNER, D. KAMINSKI: Sponteneous and shockassociated ischemic colitis. Am. J. Surg. 140:755–760 (1980)

SURAWICZ, C.M., J.L. MEISEL, T. YLVISAKER, D.R. SAUNDERS, C.E. RUBIN: Rectal biopsy in the diagnosis of Crohn's disease: value of the multiple biopsies an serial sectioning. Gastroenterology 81:66–71 (1981)

SURAWICZ, C.M.: Serial sectioning of a rectal biopsy detects more focal abnormalities. A prospective study of patients with inflammatory bowel disease. Dig. Dis. Sci. 27:434–436 (1982)

WHITEHEAD, R.: Ischemic enterocolitis: an expression of the intravascular coagulation syndrome. Gut 12:912–917 (1971)

Der Analkanal: Pathomorphologie und Pathoklise

K. Richter

Der Terminus Analkanal wurde 1888 von Symington geprägt. Baker (1969) vermutet: „This short segment of the terminal alimentary tract is probably the site of more patient discomfort than all the remaining gastrointestinal tract.“ Der Analkanal wird unter anderem nach Morson und Dawson (1972) in die transitionale, junktionale und kloakogene Zone unterteilt. Fenger (1987), der nach der zugänglichen Literatur die letzte zusammenfassende Arbeit über die anale Transitionalzone (ATZ) publiziert hat, unterteilt ähnlich in eine colorectale, transitionale und plattenepitheliale Zone. Der Analkanal ist im wesentlichen so lang, wie der Musculus sphinkter ani internus. Im anorektalen Übergang grenzt zumeist colo-rectales Zylinderepithel direkt an Plattenepithel an (Abb. 1).

In dieser Zone können jedoch auch weitere Epithelarten vorkommen (Abb. 2), wie z. B. Zylinderepithel, Übergangs- bzw. Transitionalepithel, kubisches und metaplastisches Epithel, Becherzellen, enterochromaffine Zellen und Pigmentzellen, von denen sich entsprechende tumoröse Entitäten ableiten können (Adenokarzinom, Plattenepithelkarzinom, Transitionalzellkarzinom, kloakogenes Karzinom bzw. basaloides Karzinom des Analkanals, Morbus Bowen, sog. Fistelkarzinom, bowenoide Papillose, Morbus Paget, maligne Melanome, maligne mesenchymale Tumoren, Lymphome u. a.). Abbildung 3 zeigt einen Ausschnitt aus einem sog. Fistelkarzinom, das in der Regel als ein hoch differenziertes schleimbildendes Adenokarzinom mit diffuser Infiltration und weit verzweigend wächst. Die Abb. 4 zeigt Ausschnitte aus einem Morbus Bowen. Die gutartigen Tumoren des Analkanals leiten sich von den örtlichen Gegebenheiten einschließlich der drüsigen Hautanhangsgebilde ab. Ein häufiger Vertreter der gutartigen Tumoren des Analkanals ist das Fibroepitheliom einschließlich der sog. Analpapillen, Katzenzähne, Marisquen usw. und das Hidradenoma papilliferum (Abb. 5) In seltenen Fällen werden Lipome, gutartige Tumoren des peripheren Nervensystems und Angiome gesehen (siehe auch zusammenfassende Darstellung in: E. Stein, 1986).

Die Pathibilität des Analkanals ergibt sich aus den anatomischen Gegebenheiten der Örtlichkeit und umfaßt somit Krankheitsbilder aus verschiedenen pathogenetischen Formenkreisen wie Fehlbildungen, Entzündung, Tumoren, Stoffwechselerkrankungen und Zirkulationsstörungen, wie sie aus der allgemeinen und speziellen Pathologie bekannt sind. Aus dem Formenkreis der Fehlbildungen soll stellvertretend die Analatresie erwähnt werden, aus dem

Formenkreis der Entzündung das sog. Analekzem und übertragbare Erkrankungen wie z. B. AIDS, aus dem Formenkreis der Tumoren das – wie oben ausgeführt – für diese Region typische kloakogene bzw. basaloide Analkarzinom, aus dem Formenkreis der Stoffwechselerkrankungen die Amyloidose, von den Zirkulationsstörungen die Hämorrhoiden bzw. Perianalthrombosen bzw. überhaupt die erweiterten Gefäße des Anorektalplexus. Glomustumoren (Becker und Pfister 1967) haben wir bislang nicht gefunden. Des weiteren stellen nach Morson und Dawson (1972) verringerte Elastizität, erhöhte Verschieblichkeit der Darmschichten gegeneinander, chronische Obstipation, Behinderung der normalen Schleimhautmotilität infolge Fibrosen u. a. prädisponierende Faktoren für Erkrankungen des Analkanals dar.

Zwischen Januar und Oktober 1987 wurden 623 Operationspräparate aus der Analgegend untersucht. Davon wurde in 305 Fällen die Operation unter der klinischen Diagnose chronische Analfissur vorgenommen. Die Aufarbeitung dieses Operationsmaterials ergab verschiedene zugrundeliegende Veränderungen im Analkanal (Fisteln, erweiterte Gefäße des anorektalen Plexus, Retentionszysten, plattenepitheliale Metaplasie über der angrenzenden Rektumschleimhaut, chronisch-rezidivierende Proktodaealadenitis, Kryptitis und eine gestörte Bioarchitektur).

Stein schreibt noch 1986 in seinem Lehrbuch und Atlas der Proktologie, daß die Ätiologie der Analfissur unklar sei.

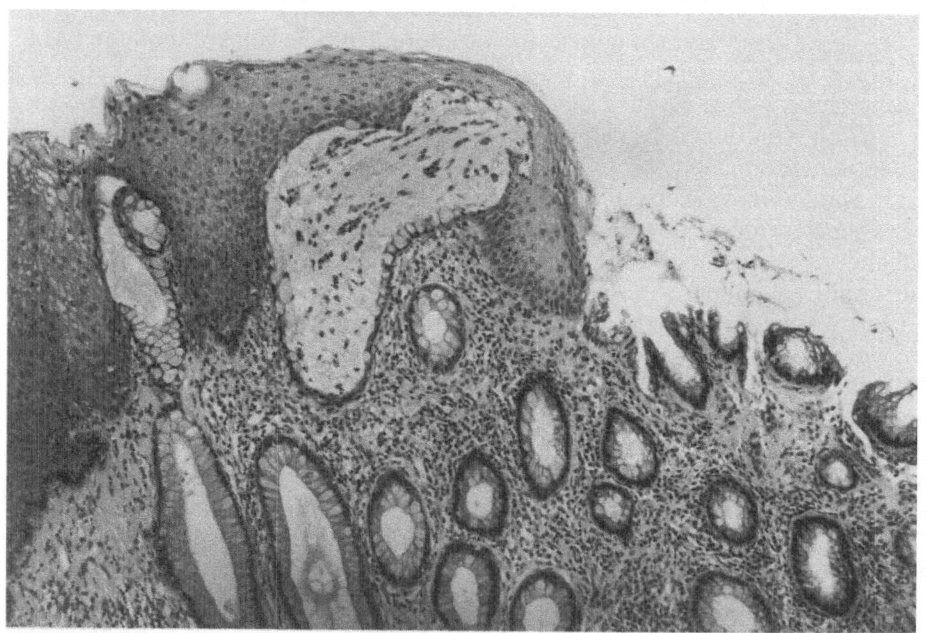

Abb. 1. Anale Transitionalzone. Randbezirk einer chronischen Analfissur der colo-rectalen Übergangsschleimhaut. Erodiertes Zylinderepithel der distalen Rektumschleimhaut, angrenzendes zum Teil hyperplastisches nicht verhorntes Plattenepithel der analen Transitionalzone, subepitheliale Retentionszyste und partielle Überhäutung der distalen Rektumschleimhaut, schmale Vernarbungen und dichte chronische Entzündungsinfiltrate. Hämatoxylin-Eosin. Vergr. 1:130

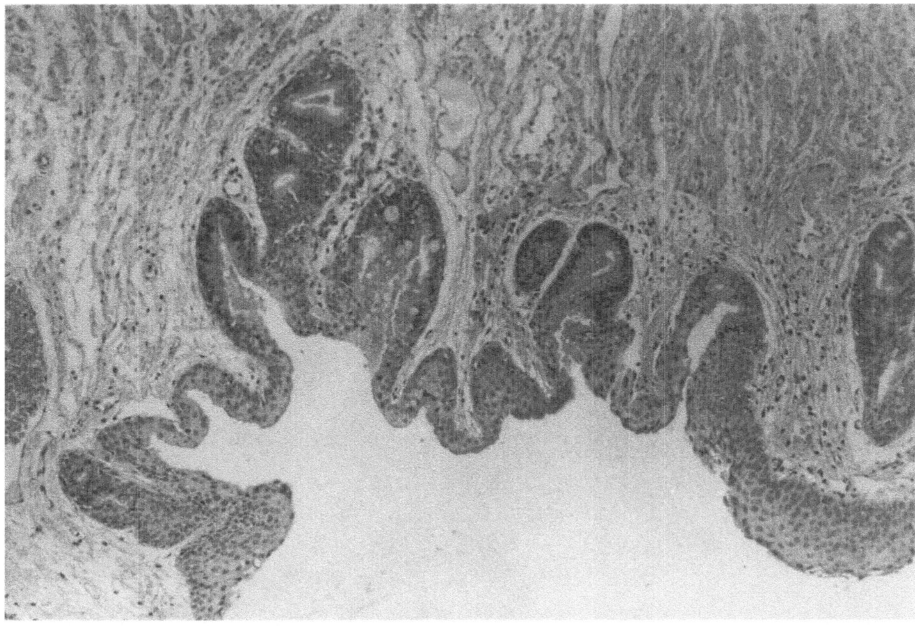

Abb. 2. Anale Transitionalzone. Unterschiedliche Epithelqualitäten mit nicht verhornendem Plattenepithel, Zylinderepithel, Becherzellen und mehrschichtigem Übergangsepithel. Schmale zum Teil gefäßreiche Schleimhautvernarbungen. Geringgradige subepitheliale chronische Entzündungsinfiltrate. Hämatoxylin-Eosin. Vergr. 1:105

Die Pathogenese der chronischen Analfissuren ist ein sehr heterogenes Problem. Die chronische Analfissur ist allgemeinpathologisch ein chronisches Schleimhautulcus der anorektalen Übergangszone (Abb. 6) oder ein bereits überhäuteter bzw. reepithelialisierter ulzerierter Schleimhautdefekt mit einer entsprechenden Schleimhautnarbe und chronischen Entzündungsinfiltraten, die sich überwiegend aus Lymphozyten, Histiozyten, einzelnen Plasmazellen und Granulozyten zusammensetzen.

Der Häufigkeit nach fanden wir in den Exzidaten, die unter der klinischen Diagnose einer chronischen Analfissur operiert worden waren, folgende Veränderungen:

1. Erweiterte Gefäße des Anorektalplexus mit älteren Vernarbungen und chronischen Entzündungsinfiltraten.
2. Chronisch-rezidivierende Kryptitis.
3. Chronisch-rezidivierende Proktodaealadenitis.
4. Fisteln der Anorektalregion.
5. Dislozierte Plattenepithelinseln oder gutartige Epithelzysten bzw. sog. Epidermoidzysten und Plattenepithelmetaplasie über überhäuteter und chronisch entzündeter angrenzender Rektumschleimhaut.
6. Retentionszysten.

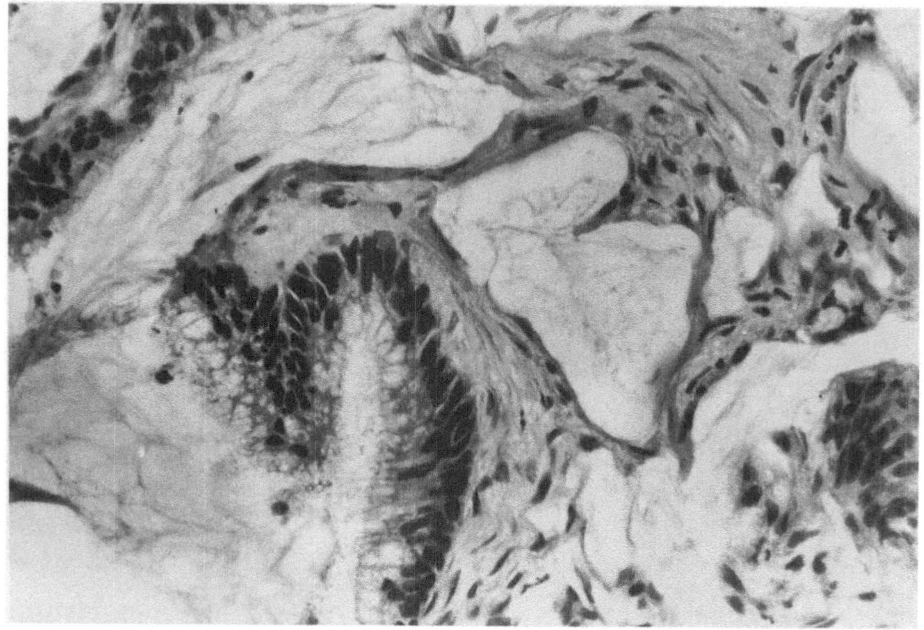

Abb. 3. Anale Transitionalzone. Ausschnitt aus einem sog. Fistelkarzinom in Form eines mäßig differenzierten hochgradig schleimbildenden Adenokarzinoms mit diffuser Infiltration. Breite sog. Schleimseen. Hämatoxylin-Eosin. Vergr. 1:400

7. Narbenneurome.
8. Fremdkörpergranulome.
9. Perianalthrombosen bzw. Hämorrhoiden der anorektalen Übergangsschleimhaut.

Die *Altersverteilung* ergibt eine Häufung im vierten Lebensjahrzehnt: in unserem Krankengut betrug das Durchschnittsalter 45,6 Jahre.

Die *Geschlechterverteilung* weist ein Überwiegen des weiblichen Geschlechts von 55,8% gegenüber dem des männlichen von 44,2% aus. In 80% tritt die Analfissur an der hinteren Kommissur zwischen 5 und 7 Uhr in Steinschnittlage auf. In nur ca. 15% ist die vordere Kommissur und in ca. 5% sind beide Komissuren befallen (Meier zu Eissen et al. 1987).

Die gängige Lehrmeinung geht dahin, daß es durch den chronischen Entzündungsreiz zu einer Dauerkontraktur des Musculus sphinkter kommt. Die sich daraus ergebende therapeutische Konsequenz bestand einmal in einer Fissurektomie mit verschiedenen Formen der Sphinkterotomie, wobei in der Regel die angrenzenden Hämorrhoiden mit entfernt wurden. Diese Probleme wurden 1986 von Braun et al. ausführlich diskutiert.

Unsere systematischen Untersuchungen, die ein sehr heterogenes Spektrum von möglichen Ursachen ergaben und die in die Komplikation einer chronischen Analfissur mündeten, führten zu dem therapeutischen Ansatz nicht nur

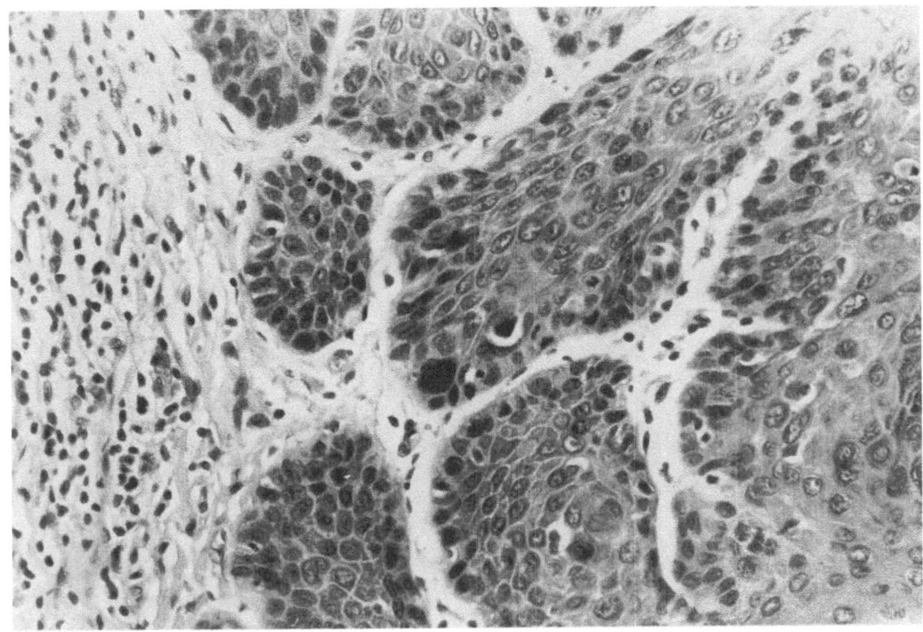

Abb. 4. Anale Transitionalzone. Ausschnitt aus einem Morbus Bowen mit intraepithelialen Atypien und zum Teil hochgradiger Kern- und Zellpolymorphie. Scharfe Begrenzung gegen das chronisch-entzündete Stroma. Hämatoxylin-Eosin. Vergr. 1:400

einer Analfissurektomie mit Sphinkterotomie, die in einem sehr großen Prozentsatz durch Inkontinenzerscheinungen belastet sind, sondern auch die Fissur mit den angrenzenden Krypten zwischen 4 und 8 Uhr zu resezieren und den quasi T-förmigen Schleimhautdefekt durch gesundes Anoderm, das in den Analkanal eingeschlagen und in Höhe der Linea dentata fixiert wird, zu decken. Der Musculus sphinkter bleibt dabei intakt, so daß die früher gefürchtete Inkontinenz damit eliminiert würde. Bislang wurden ca. 120 Patienten nach dieser Operationsmethode therapiert und nachuntersucht. 96,2% der Patientinnen und Patienten gaben ein sehr gutes bis gutes Operationsergebnis, das sich an Kontinenz, Schmerzhaftigkeit, willkürlicher Motorik und Feinsensibilität orientierte, an. Nur in 3,8% bestand ein unbefriedigendes Ergebnis (Meier zu Eissen 1987).

Die gefundenen morphologischen Veränderungen führten demzufolge zu einem Therapiekonzept, das darin besteht, daß die chronische Analfissur nicht ein Grundleiden, sondern eine Komplikation von verschiedenen möglichen Grundleiden darstellt. Das Grundleiden ist in der Regel abzugrenzen, so daß eine ausschließliche Fissurektomie das eigentliche Grundleiden nicht entfernen würde.

Zusammenfassend darf ich anmerken:

Aufgrund der Untersuchung von mehr als 600 Fällen sog. klinischer Analfissur konnte erarbeitet werden, daß das *Wesen* der sog. Fissuren nicht einheitlich

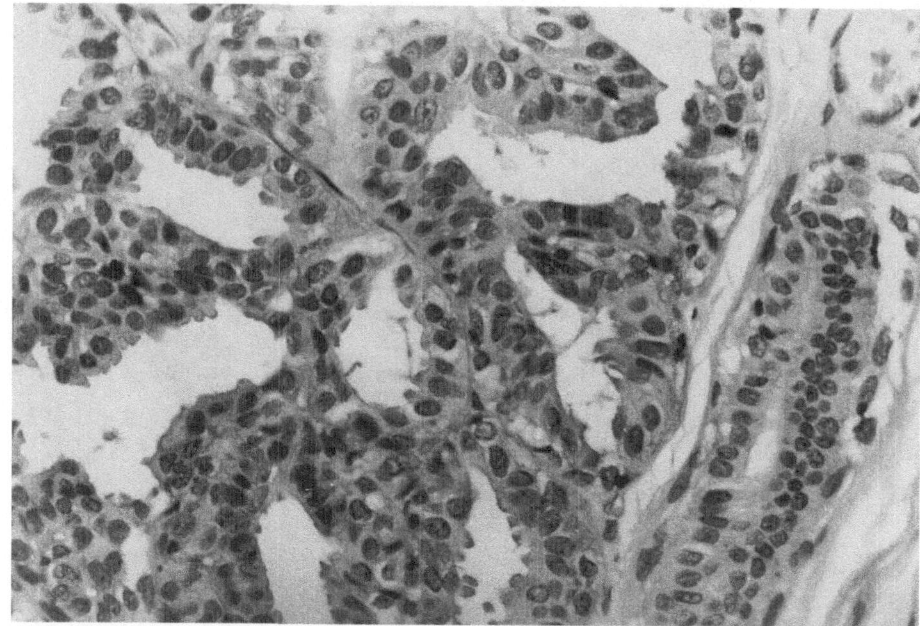

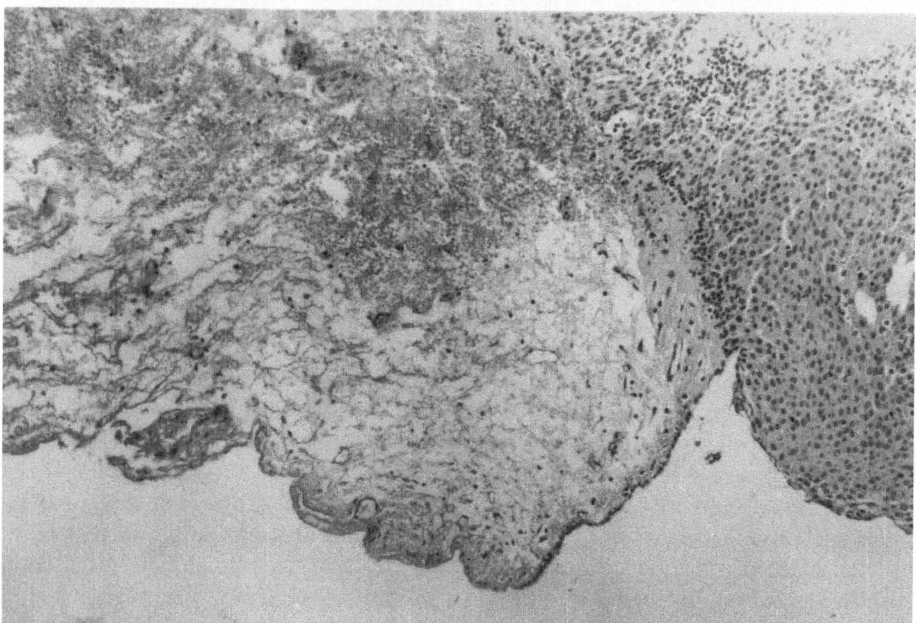

Abb. 5 *(oben)*. Anale Transitionalzone. Ausschnitt aus einem Hidradenoma papilliferum. Unverdächtiges kubisches bis zylindrisches Epithel. Scharfe Begrenzung gegen das spärliche Stroma. Keine Malignitätskriterien. Hämatoxylin-Eosin. Vergr. 1:400

Abb. 6 *(unten)*. Anale Transitionalzone. Chronische Analfissur mit randständigem verbreitertem nicht verhornendem Plattenepithel und chronischem Schleimhautulcus mit oberflächlicher initialer einschichtiger Epithelialisierung, lockerem Granulationsgewebe, profusen Einblutungen und mit Fibrinalablagerungen. Hämatoxylin-Eosin. Vergr. 1:95

ist. Tatsächlich fanden sich 7 Befundgruppen, d. h. 7 Typen morphologisch heterologer Veränderungen. Dieses Phänomen erklärt sich aus der komplizierten Entwicklungsgeschichte, besonders aus der Phylogenie des Enddarms. Immer dort, wo stammesgeschichtliche Schwachstellen der Organogenese etabliert sind, resultiert ein buntes Panorama rezenter Störanfälligkeiten. Hamperl (1926) und Doerr (1979) hatten darauf hingewiesen, allein die Erlanger Schule hat die gedanklichen Konzeptionen der Autoren mit gegenständlichem Inhalt ausgezeichnet. *Auch dies ist Pathomorphose.*

Literatur

Baker, R. Robinson in: Paulson, Moses. Gastroenterologic Medicine. Lea and Febiger, Philadelphia 1969

Becker, V., R. Pfister: Über das Vorkommen von Glomustumoren im Analbereich. Fortschritte der Medizin, *20,* 855–857 (1967)

Braun, J. et al. In: Die chronische Analfissur. Pathogenetische Aspekte. colo-proctology *1,* 33–39 (1986)

Doerr, W.: Homologiebegriff u. patholog. Anatomie. Virchows Archiv A, *383*:5–29 (1979)

Fenger, D.: The anal transitional zone. Acta path. microbiol. et immunol. Scandinavica, Section A, suppl. no. 289 Munksgaad, Copenhagen (1987)

Hamperl, H.: Über Anal- u. Circumanaldrüsen, Vierte Mitteilung, Zschr. wiss. Zoologie *127*:570 (1926)

Meier zu Eissen, J. et al.: Chronische Analfissuren. Aspekte zur Pathomorphologie und Therapie. Aktuelle Koloproktologie. Band IV, 13. Bad Homburger Coloproktologie-Tage 1987. Edition Nymphenburg, München (1987)

Morson, B.C., I.M.B. Dawson: Gastrointestinalpathology. Blackwell Scientific Publications, Oxford London Edinburgh Melbourne (1972)

Stein, E. in: Proktologie. Lehrbuch und Atlas. Springer Berlin Heidelberg New York (1986)

Symington, J.: The rectum and anus. J. Anat. Physiol. 23, 106–115, 1888

Mißbildungen: Mythos, Monster, Systematik

H. Stöß

Mißbildungen sind zu allen Zeiten vorgekommen und stellen ein Grundphänomen des Lebens dar. Sie haben bei den Mitmenschen stets eine besondere Beachtung erfahren, wie man aus Zeichnungen und Plastiken bis zurück in die Steinzeit hinein entnehmen kann. Im Reallexikon der Medizin sind sie definiert als: „Durch Vererbung oder Umwelt bedingte Fehlgestaltungen des Organismus, seiner Organe oder Organteile infolge Verlagerung, Hemmung oder Steigerung ihrer Entwicklung." Je nach Kulturstand wurden sie in Antike, Mittelalter und Neuzeit unterschiedlich beurteilt und waren wie kaum andere Phänomene bei Mensch und Tier Gegenstand von Aberglaube und Phantasie. Schriftliche Aufzeichnungen über Mißbildungen gibt es seit etwa 2800 Jahren v. Chr. (Püschel, 1970). Bei den Assyrern wurden Mißbildungen und deren Deutung auf Tontafeln festgehalten. So bedeutete z. B. die Geburt eines Kindes mit fehlender rechter Hand, daß das Land durch Erdbeben erschüttert wird (Püschel, 1970). Bei den Griechen sind Mißbildungen fester Bestandteil der Mythologie (Schatz, 1901, Holländer, 1921). Sie veranlaßten vor allem die Griechen, diese in die Welt ihrer Sagengestalten und Halbgötter umzusetzen. Für die Griechen war Zeugung und Geburt etwas Heiliges und entsprechend wurden Mißbildungen gedeutet. Sie konnten in deren Vorstellung nur durch Liebesbeziehungen zwischen Göttern und weltlichen Frauen erzeugt werden (Schatz, 1901). Parasitäre Doppelbildungen waren die Urformen der Zentauren – halb Mensch, halb Pferd, phokomele Fehlbildungen dienten als Vorbild für die Harpyien – halb Mensch, halb Vogel. Der Panzer der Athene leitete sich von der Ichthyosis congenita ab. Sirenen entstanden aus der Vereinigung einer Griechin mit einem See- oder Flußgott. Der Halbgott Atlas mit der Weltkugel leitete sich von hochsitzenden Zelen bzw. Enzephalozelen ab.

In späteren Jahren wurde auch auf biologisch-medizinische Ursachen hingewiesen. So führte Demokrit die Entstehung von Doppelmißbildungen auf eine Überbefruchtung, einem Zuviel an Samen zurück (Rosen). Aristoteles dagegen nahm ein nachträgliches Zusammenwachsen zweier Embryonen an.

Bei den Spartanern mußte jedes Neugeborene einem Kollegium der Gemeindeältesten vorgeführt werden, die dann entschieden, ob es gesund und wohlgestaltet sei und somit aufgezogen werden durfte. Mißgebildete Kinder wurden ausgesetzt (Holländer, 1921).

Tabelle 1. Mißbildungsklassifikation (nach Licetus – 1616)

1. Monstrum uniforme
   - M. mutilum
   - M. excedens
   - M. ancipitis naturae
   - M. difforme
   - M. informe
   - M. enorme
2. Monstrum multiforme

Auch wenn schon Hippokrates auf mechanische und Aristoteles auf biologisch-medizinische Ursachen der Mißbildungsentstehung hinwiesen, blieben sie in der Antike fester Bestandteil der Mythologie.

Mittelalter und Neuzeit dagegen waren gekennzeichnet von der Sensationslust, die Menschen mit Mißbildungen verbinden. Sie wurden als Monstrositäten auf Jahrmärkten oder im Zirkus zur Schau gestellt. Die Schau wurde dabei stets durch für die Monstrosität charakteristische Flugblätter vorher angekündigt. Riesen und Zwerge fanden ein besonderes Interesse. Während Riesen Angst und Entsetzen hervorriefen, dienten die Zwerge der Belustigung (Holländer, 1921). Minderwüchsige Chondrodystrophiker sind noch heute fester Bestandteil bei den Clown-Vorführungen im Zirkus. Philipp der IV. von Spanien sammelte sie um sich als Hofnarren wie andere Briefmarken sammeln.

Mißbildungsursachen entstammten im Mittelalter dem Aberglauben, der Einbildung und der Einbildungskraft der Menschen. Sie beschränkten sich im wesentlichen auf die Strafe Gottes, das Werk des Teufels, die Hexerei oder das „Versehen" (Rüttimann, 1985; Schwalbe, 1906). Unter der Annahme, daß sich Vorstellungen und Eindrücke Schwangerer auf das Kind übertragen, sollten diese danach trachten, nichts „Häßliches" anzusehen. Heiligen- und Engelsbilder dienten der „Veredelung" der Gesichtszüge des Kindes (Rüttimann, 1985).

Die Begründung der Anatomie durch Vesal hatte merkwürdigerweise nur geringen Einfluß auf die Betrachtung von Mißbildungen (Schwalbe, 1906). Erste ausführliche Beschreibungen finden sich bei Lycosthenes (zit. n. Schwalbe, 1906). Erste Versuche einer Klassifikation der Mißbildungen finden sich bei Licetus (1616), der noch immer stark in der Mythologie verhaftet zwischen einem Monstrum uniforme und einem Monstrum multiforme unterscheidet (Tabelle 1).

Seit dem 18. Jahrhundert wurde die Mißbildungsbetrachtung zunehmend auf eine sachliche, wissenschaftliche Basis gestellt. Der Begründer der Embryologie Harvey hat als erster Mißbildungen als Entwicklungsanomalien angesehen. Durch Wolff und Haller wird die Mißbildungslehre fest in der Entwicklungsgeschichte und der Anatomie verankert (zit. n. Schwalbe, 1906). Zu Beginn des 19. Jahrhunderts schrieb J.F. Meckel die erste vollständige Zusammenstellung über Mißbildungen (1812). Förster (1865) unterscheidet unter entwicklungsgeschichtlichen Gesichtspunkten Monstra per excessum, Monstra per defectum und Monstra per fabricam alienam (Tabelle 2). Für eine

Tabelle 2. Mißbildungsklassifikation (nach Förster – 1865)

1. Monstra per excessum
   - Doppelmißbildungen
   - Drillingsmißbildungen
   - Überzählige Bildung einzelner Glieder und Organe
   - Mißbildungen mit übergroßer Bildung
2. Monstra per defectum
   - Unvollständige Bildung des ganzen oder halben Körpers
   - Unvollständige Bildung der einzelnen Abteilungen des Körpers
3. Monstra per fabricam alienam
   - Fehlbildungen der gesamten Brust- und Baucheingeweide
   - Fehlbildungen der Brusteingeweide
   - Fehlbildungen der Baucheingeweide

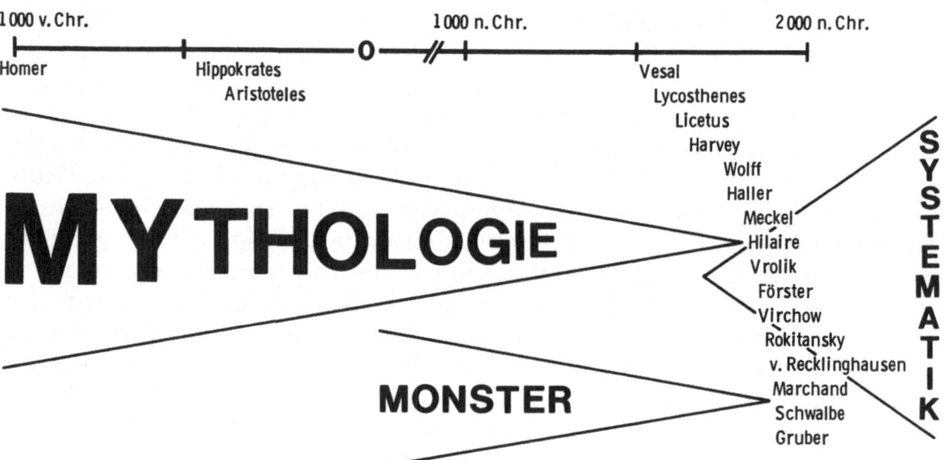

Abb. 1. Entwicklung der Mißbildungslehre

zunehmende wissenschaftliche Betrachtung sorgten aber auch die Pathologen Virchow, Rokitansky, von Recklinghausen, Marchand, Kaufmann, Schwalbe und Gruber (Abb. 1).

Bei der heutigen Betrachtungsweise der Mißbildungen spielen deren systemhaftes Auftreten, ihre zeitliche Entstehung sowie ätiopathogenetische Gesichtspunkte die wesentliche Rolle.

Das generalisierte Auftreten von gespeicherten Glycosaminoglycanen führt z. B. bei den Mucopolysaccharidosen – lysosomale Speicherungskrankheiten – am Skelet zu dem charakteristischen Bild der Dysostosis multiplex (Spranger, 1974). K.H. Bauer (1920) wies darauf hin, daß es sich bei der Osteogenesis imperfecta um eine generalisierte Erkrankung des Binde- und Stützgewebes handelt. Die abnorme Knochenbrüchigkeit, das Hauptmerkmal der Osteogenesis imperfecta, beruht auf einer gestörten Kollagensynthese und Insuffizienz der Osteoblasten, die zu einer ungenügenden Osteoid- und Knochenbildung führen (Stöss und Spranger, 1985).

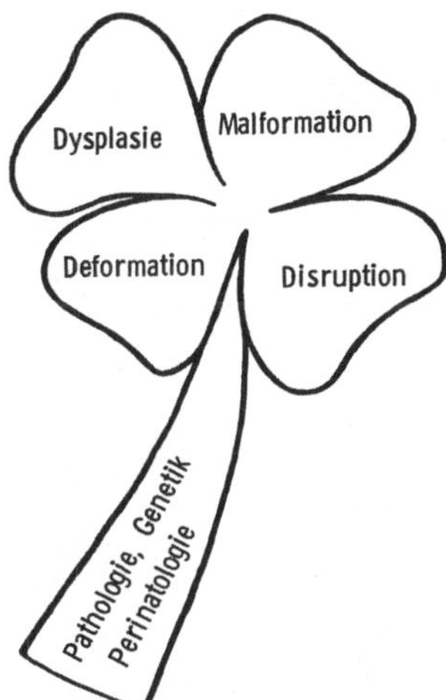

Abb. 2. Formalgenetische Differenzierungsmöglichkeiten von Mißbildungen

Entsprechend der unterschiedlichen zeitlichen Entstehung von Mißbildungen werden Gametopathien und Kyematopathien unterschieden. Die Kyematopathien werden weiter gegliedert in Blastopathien, Embryopathien und Fetopathien.

Formalgenetisch (Smith, 1982; Spranger, 1982) lassen sich die Mißbildungen unterteilen in die genetisch bedingten Dysplasien und Malformationen sowie die nichtgenetischen Deformationen und Disruptionen (Abb. 2). Bei Dysplasien handelt es sich um Anomalien infolge von Zell- und Gewebedefekten. Sie können z. B. lokalisiert als Hämangiome oder generalisiert als Osteochondrodysplasien wie bei der thanatophoren Dysplasie (Abb. 3a) auftreten. Malformationen sind während der Entwicklung entstandene Störungen wie beim Meckel-Gruber-Syndrom (Abb. 3b) mit Defekten an Organen, Organsystemen oder dem gesamten Organismus. Bei den Deformationen liegen Anomalien von Form, Gestalt oder Lage von Körperteilen vor, während Disruptionen sekundär durch eine irreversible Schädigung der Frucht entstehen. Am Beispiel der amniotischen Bänder ist dieser Unterschied gut darzustellen. An einer Extremität z. B. kommt es durch eine Einschnürung zur Deformation (Abb. 3c), während es im Schädelbereich zu einer irreversiblen Schädigung von Kalotte und Großhirn kommen kann (Abb. 3d).

Diese formalgenetischen Gesichtspunkte kann man als vierblätteriges Kleeblatt zusammenfassen. Damit dieses aber entsprechend seinem Aufbau auch ein „Glückskleeblatt“ ist, bedarf es eines Stieles, der in enger Zusammenarbeit von Genetik, Perinatologie und Pathologie in der Mißbildungsdiagnostik wichtige Erkenntnisse für genetische Beratung und pränatale Diagnostik sammelt (Abb. 2).

Der Umgang mit Mißbildungen war über Jahrhunderte hinweg durch Mythologie und Monsterschau geprägt (Abb. 1). Erst seit dem 18. Jahrhundert setzt sich eine zunehmend sachliche und wissenschaftliche Betrachtungsweise durch. Aber trotz moderner Konzeptionen und systematischer Betrachtungsweisen sind sie auch heute noch in unserer hochzivilisierten Welt mit einem Hauch von Mystik und Sensationslust umgeben.

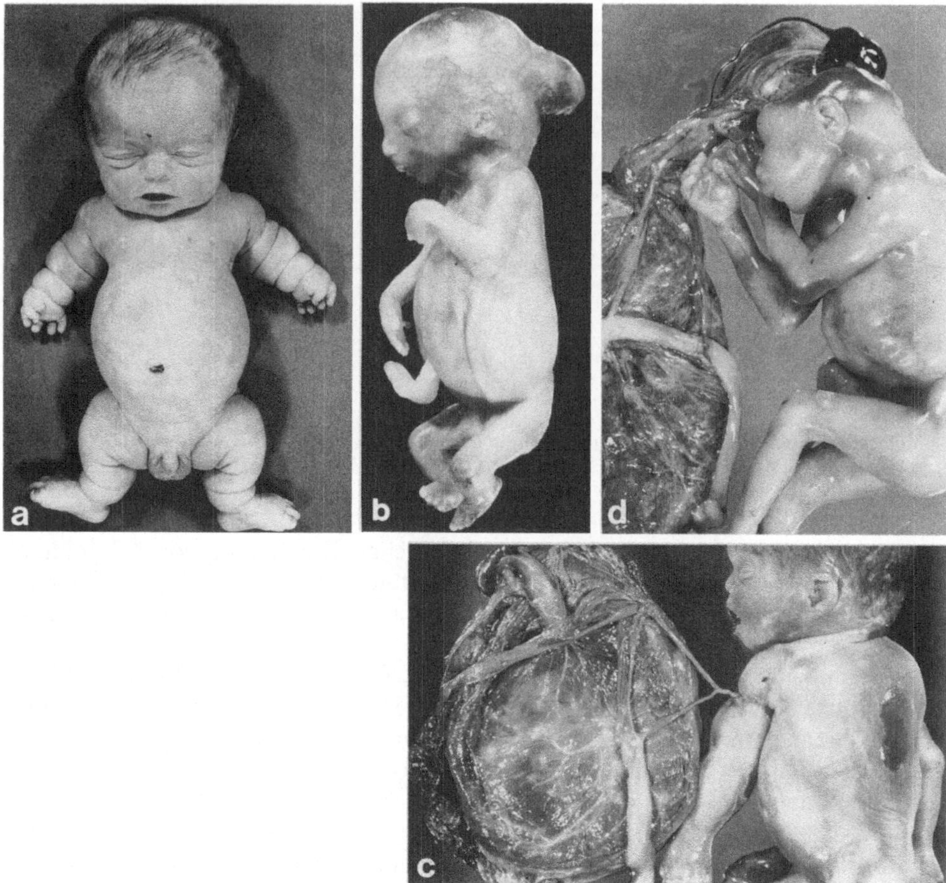

Abb. 3. a Dysplasie: thanatophore Dysplasie – generalisierter Knorpeldefekt mit disproportioniertem Minderwuchs und verkrümmten Extremitäten. „Michelinmännchen"-artige Aufstülpung der Haut; **b** Malformation: MECKEL-GRUBER-Syndrom – Fetus der 22. Schwangerschaftswoche mit microcephalem Schädel, occipitaler Zellenbildung, durch Zystennieren aufgetriebenes Abdomen und verkrümmte Extremitäten; **c** Deformation: Amniotische Bänder – Deformation des linken Oberarmes durch Einschnürung der Muskulatur; **d** Disruption: Amniotische Bänder – irreversible Schädigung von Schädelkalotte und Großhirn.

Zusammenfassende Bemerkung der Herausgeber:

Auf der Göttinger Pathologentagung 1982 haben sich Erbforscher, Anatomopathologen, Perinatologen und experimentelle Teratologen mit der *neuen* Wertung sog. Mißbildungen auseinandergesetzt. Göttingen war durch das Lebenswerk von GEORG BENNO GRUBER (1884–1977) der prädestinierte Standort für eine moderne Generaldebatte. Die Krönung der Aussprache war der Diskussionsvortrag von Prof. Walter G.J. Putschar, des Schülers von Gruber und Göttinger Privatdozenten von einst, der als deutscher Emigrant eigens aus

Boston/Massachusetts herübergekommen war. Putschar erläuterte, wie die klassische pathologische Anatomie noch vor 50 Jahren durch Analyse *bestimmter* Einzelfälle die kardinale Frage intuitiv richtig lösen konnte, was Anomaliekomplex und was Zufalls-Syndromie sei! Die beharrliche wissenschaftliche Arbeit hat zur Entmythologisierung der „Wundergeburten" beigetragen und insofern wörtlich eine *Pathomorphose* – sit venia verbo – freigelegt.

Literatur

BAUER, K.H.: Über Osteogenesis imperfecta. Zugleich ein Beitrag zur Frage einer allgemeinen Erkrankung sämtlicher Stützgewebe. Dtsch. Z. Chir. *154* (1920) 166–213

FÖRSTER, A.: Die Mißbildungen des Menschen. Mauke, Jena 1865

HOLLÄNDER, E.: Wunder, Wundergeburt und Wundergestalt. Enke, Stuttgart 1921

MECKEL, J.F.: Handbuch der pathologischen Anatomie. Halle, 1812

PÜSCHEL, E.: Mißbildungen der Gliedmaßen. Schattauer, Stuttgart 1970

ROSEN, R.: Wunder und Rätsel des Lebens. Thomas, Leipzig, 1913

RÜTTIMANN, B.: Das Verständnis von Fehlbildungen und Mißwuchs im Wandel der Zeit. Schweiz. med. Wschr. 115 (1985) 870–875

SCHATZ: Die griechischen Götter und die menschlichen Mißgeburten. Bergmann, Wiesbaden 1901

SCHWALBE, E.: Allgemeine Mißbildungslehre. Fischer, Jena 1906

SMITH, D.W.: Recognizable Patterns of Human Malformation. Saunders Company. Philadelphia, 1982

SPRANGER, J.: Mukopolysaccharidosen. In: Handbuch der Inneren Medizin, Bd. VII, Teil 1. Schwiegk, H. (Hrsg.). Springer, Berlin Heidelberg New York, 1974

SPRANGER, J.: Klinische Aspekte angeborener Stoffwechselanomalien. Verh. Dtsch. Ges. Path. *66* (1982) 254–257

STÖSS, H., J. SPRANGER: Differentialdiagnose primärer konstitutioneller Osteopenien. Licht- und elektronenmikroskopische Befunde. Internist *26* (1985) 491–501

Neuropathologische Befunde im Lichte des Gestaltabbaus

P. Thierauf

Die Gestaltpsychologie geht zurück auf den österreichischen Psychologen CHRISTIAN VON EHRENFELS, der 1890 die Bedeutung des Ganzen als einer strukturellen Einheit betont hat entsprechend dem aus der Antike übernommenen Satz, daß das Ganze mehr sei als die Summe seiner Teile (8). Nach den Grundsätzen der Gestaltpsychologie werden beim Wahrnehmungsakt Gestalten nicht aus den einzelnen Empfindungselementen gebildet, sondern sind dem Erlebnisfeld unmittelbar als Ganzes vorgegeben. In unserem Erleben können wir uns durch eine Abstraktion von unserer Umwelt trennen, so daß sie uns distanziert gegenübersteht und zum Objekt wird. Das Erleben des Objekts in der Umwelt – und gleiches gilt für einen Gedanken in unserem Bewußtsein – geht mit einer Abhebung einher: ein ins Auge gefaßtes Objekt aus der Umwelt steht in einem ganzen Raum von weiteren Objekten. Dabei wird das intendierte Objekt in seiner Bedeutung abgehoben von den Objekten, die gerade nicht im Zentrum unseres Interesses stehen. Das Objekt bildet dabei eine Figur vor dem Hintergrund anderer Objekte. Bei seelisch-geistig gesunden Menschen können die verschiedensten Objekte nacheinander zur Figur und die übrigen gleichzeitig vorhandenen dadurch zum Hintergrund werden (1). Unter Gestalt versteht man dabei die Figur-Hintergrund-Relation: der Hintergrund als Nichtobjekt, vor dem sich das Objekt als Gestalt abhebt. Dabei ermöglichen emotionale Einflüsse die Heraushebung eines Objektes aus dem Hintergrund. Letztlich ist die Gestalt nichts objektives, sondern etwas untrennbar vom Subjekt abhängiges, das Subjekt ist das, was die Welt gestaltet (7). Zur besseren Anschaulichkeit als Beispiel die RUBIN'sche Figur (Abb. 1). Je nach unserer Einstellung sehen wir entweder einen weißen Becher auf schwarzem Hintergrund oder zwei einander zugewandte menschliche Gesichtsprofile auf weißem Hintergrund.

Die Gestalt als Figur-Hintergrund-Relation stellt ein ökonomisierendes, zentrierendes Funktionsprinzip dar, das bei der Steuerung unserer Handlungen eine große Rolle spielt (1). Besonders durch KLAUS CONRAD wurde gestaltpsychologisches Gedankengut in die Psychopathologie eingebracht und ein Gestaltabbau herausgearbeitet, nicht nur im optischen Feld, sondern weit allgemeiner bis in die Relation des Ich zur Welt (2, 7). Dieser Gestaltabbau beginnt mit einer mangelhaften Abhebung der Figur vom Hintergrund und wir wollen dies in Anlehnung an CONRAD's Gestaltanalysen und in Korrelation mit einzelnen beispielhaften neuropathologischen Befunden darstellen.

Ein *79jähriger Patient* hatte 2 Jahre vor dem Tode einen Apoplex erlitten. Bei der Obduktion fand sich linksseitig eine Nekrose im temporo-parietalen Übergangsbereich, dem Gyrus angularis (Abb. 2). Seit diesem Schlaganfall hatte der Patient u. a. eine Lesestörung: ein dargebotenes geschriebenes Wort wurde mehr erratend erkannt als richtig gelesen. Nach dem mühevollen Erraten konnte dieses Wort nicht in seine einzelnen Buchstaben zerlegt werden. Der einzelne Buchstabe eines Wortes ist nicht als Figur in voller Schärfe abgehoben, er erscheint vage, blaß und verschwommen vor dem Hintergrund. Conrad sprach von einer Störung der Differenzierung der Wortgestalten, einer Störung der differentialen Gestaltfunktion (5). Er bezeichnete diese verschwommen unscharfen und unvollkommenen Gestalten als sogenannte Vorgestalten, bei denen mehr das Wesen als die Struktur hervortritt (3). Dieser vorgestaltliche unscharfe Charakter des Buchstabens hindert andererseits den Aufbau von mehreren Buchstaben zu einem Wort. Die Patienten sind entsprechend unfähig, einzelne Buchstaben zu einem Wort zusammenzufügen, somit liegt auch eine Störung der Integration von Teilen zu höheren Gestalten vor, also eine Störung der integralen Gestaltfunktion. Intakte differentiale und integrale Gestaltfunktion stellt für Conrad die epikritische Leseleistung dar, wie sie der gesunde Mensch vollbringt. Bei unserem Patienten ist durch die Hirnschädigung ein Abbau auf das Niveau einer primitiveren, vorgestaltlichen Leseleistung erfolgt, welche ganz allgemein als protopathische Leistung bezeichnet wird.

So wie bei der Lesestörung der Patient die einzelnen Buchstaben nicht zu einem Wort aufbauen kann, so ist in unserem nächsten Beispiel der Patient gewissermaßen alektisch für die Gesamtsituation, für das Gesamterlebnisfeld.

Ein *62 Jahre alter Mann* hatte bei einem Verkehrsunfall 5 Wochen vor dem Tode ein gedecktes Schädel-Hirn-Trauma erlitten. Bei der Obduktion zeigten sich am Gehirn frontal und temporal beidseits in lebhafter mesenchymaler und gliöser Organisation begriffene Kontusionsherde (Abb. 3). Unser Patient war nach dem Unfall initial bewußtlos, zeigte dann einen Verwirrtheitszustand mit nur noch leicht getrübtem Bewußtsein. Das Denken war inkohärent, die

Abb. 1. Rubin'scher Becher

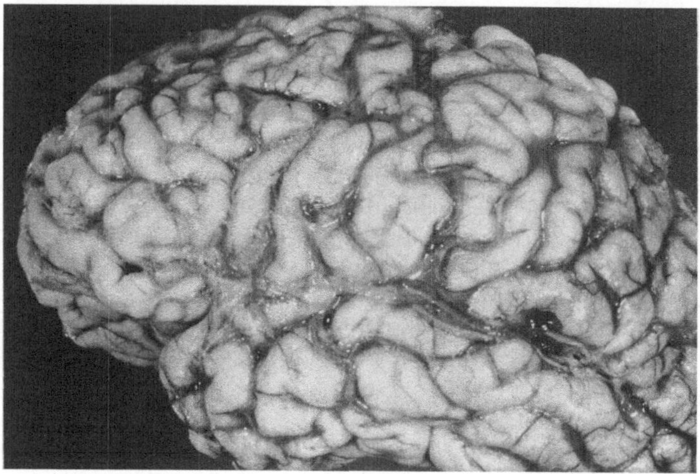

Abb. 2. Nekrose im linken temporo-parietalen Übergangsbereich

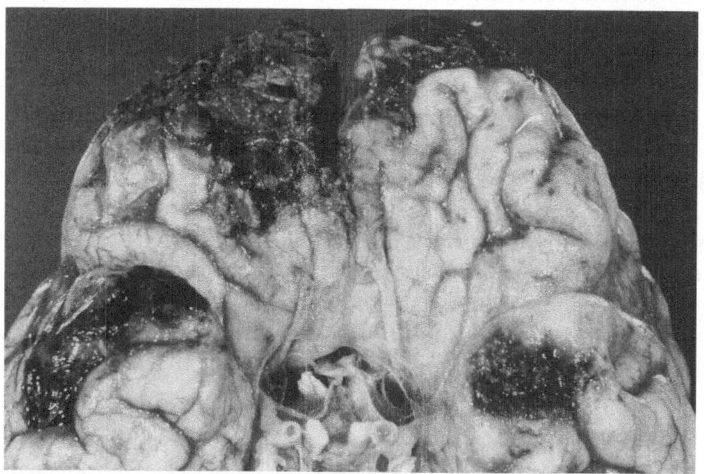

Abb. 3. Traumatische fronto-temporale Kontusionsherde

Orientierung bezüglich Ort und Zeit erheblich gestört. Im Vordergrund stand die für dieses amentielle oder Verwirrtheitssyndrom recht typische Ratlosigkeit, die nun darin begründet ist, daß einzelne Gegenstände und einfache Situationen in ihrem Erlebnisfeld erfaßt, aber in ihrem Gesamtzusammenhang nicht verstanden werden (4). Nach JASPERS ist das Seelenleben dieser Patienten in lauter Stücke zerfallen (9). Im optischen Feld werden einzelne Gegenstände wahrgenommen, aber die integrale Gestaltfunktion ist hier eingeschränkt, die Gegenstände bleiben unverbunden nebeneinander, die Gestaltqualität des gesamten Raumes oder der Gesamtsituation wird nicht erreicht.

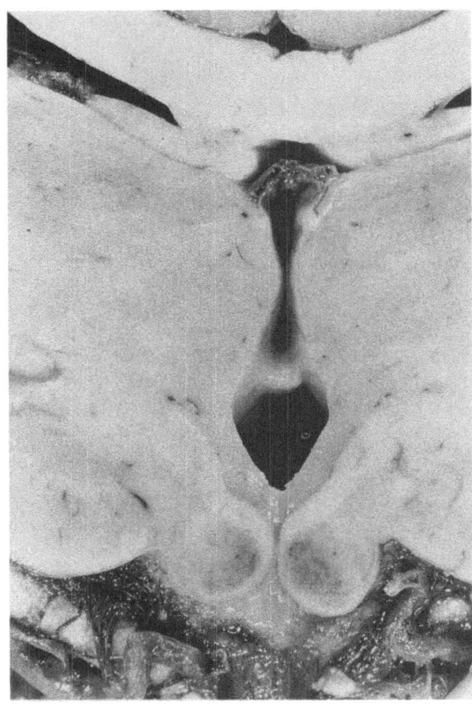

Abb. 4. Wernicke-Encephalopathie der Mamillarkörper des Zwischenhirns

Auch bei unserem nächsten Beispiel haben wir es mit einer Figur-Hintergrund-Relationsstörung der Gesamtsituation, des Gesamterlebnisfeldes zu tun.

Ein *53 Jahre alter Mann* zeigte am Gehirn eine bräunliche Fleckung der Corpora mamillaria des Zwischenhirnes (Abb. 4), histologisch eine spongiöse Gewebsauflockerung neben Proliferation von Astrogliazellen und Kapillaren, somit eine Wernicke'sche Encephalopathie. Aus der Vorgeschichte war ein langjähriger Alkoholabusus bekannt. Der Patient hat ein Delir durchgemacht, welches unmittelbar in eine Korsakow-Psychose übergegangen ist. Entsprechend waren psychopathologisch im Vordergrund die Desorientiertheit bezüglich Ort und Zeit, die Merkfähigkeitsstörungen sowie die für das Korsakow-Syndrom typischen Konfabulationen, d. h. ein erfragter Sachverhalt wird von den Patienten prompt, aber in der Regel falsch beantwortet. Diese Konfabulationen entspringen einer Figur-Hintergrund-Relationsstörung bezüglich der situativen Felder. Bei dem Versuch, eine eben vergangene Situation aus der Erinnerung hervorzuholen, gelingt eine Reproduktion, das reproduzierte Ereignis läßt sich jedoch nicht scharf gegen andere Erlebnisse aus dem Gesamterinnerungsmaterial abheben. Sachfremde Bestände mischen sich ständig aus dem Erinnerungshintergrund ein und das reproduzierte Gedächtnismaterial verliert an Prägnanz, wird unscharf und verschwommen. Wir haben also wieder eine Störung der differentialen Gestaltfunktion, gleichzeitig auch hier eine Störung der Integration der einzelnen Erlebnisse in das psychische Gesamtfeld

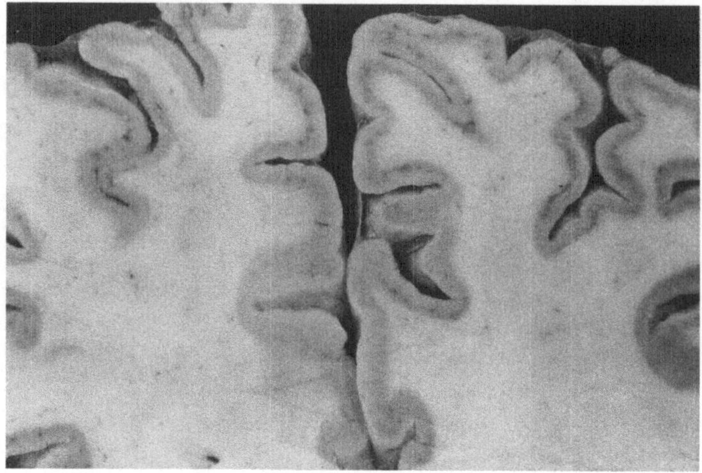

Abb. 5. Fokale und laminäre Nekrosen der frontalen Großhirnrinde

(6). Der Patient kann neue Erlebnisse nicht richtig in den Gesamtbestand des Erinnerungsmaterials einfügen. Daraus resultieren die schweren Auffassungs- und Orientierungsstörungen.

Eine weitere Stufe des Gestaltabbaues findet sich bei Schädigungen, die zwischen dem Korsakow-Syndrom und dem apallischen Syndrom gelegen sind.

Eine *46jährige Frau* mit langjährigem Asthma bronchiale hat 10 Monate vor dem Tode einen Status asthmaticus erlitten, der eine Reanimation notwendig machte. Zurückgeblieben ist eine schwere hypoxämische Hirnschädigung, die sich in Form von laminären und fokalen Nekrosen im Großhirnrindenbereich und Stammgangliengebiet dargestellt hat (Abb. 5). Klinisch befand sich die Patientin etwas über dem Niveau eines apallischen Syndroms, lag mit offenen Augen, anscheinend wach, meist stumm, nur zwischendurch weitgehend unartikulierte Lautbildungen. Weiterhin zeigte sie Greifbewegungen, wobei kleinere Gegenstände mit den Fingern festgehalten oder zum Mund geführt wurden. Akustische und optische Reize schienen die Hand-Mund-Aktivität zu steigern. Hier ist die Fähigkeit verlorengegangen, verschiedene Objekte nacheinander als Figur abzuheben, bedingt durch einen Verlust des Hintergrundes. Es entsteht das sog. obligate Objekt. Nach Burchard ist es als „Sein von unendlicher Dringlichkeit vom Nichtsein umgeben“ (1). Seine Überlegungen gehen dahin, daß beim Abbau nicht nur die Gestaltbildungen höherer Schichten zerfallen, sondern eigene Gestaltungsweisen niederer Schichten als Instinkthandlungen hervortreten.

Bei weiterem Abbau über das apallische Syndrom in Richtung Koma verschwinden schließlich auch die obligaten Objekte.

Anmerkung der Herausgeber:

Die Domäne der gestaltphilosophisch orientierten Pathologie liegt bei der Pathomorphose, der natürlich-spontanen, mehr noch der therapeutisch erzwungenen. Wer die „natürlichen Krankheitsgestalten" nicht kennt, kann die durch Kunstgriff alterierten pathischen Erscheinungen nicht fassen. Auf ein geistiges Prinzip geht alle Gesetzlichkeit und Ordnung, und deren anschauliches Erscheinen geht auf das Wesen der „Gestalten" zurück. – Der Gestaltbegriff wurde *zuerst* in der Psychologie und zwar gegenüber dem Atomismus der Assoziationspsychologie aufgestellt. P. Thierauf hat nun gezeigt, wie sehr die Gestaltqualitäten an das Vorhandensein von Vorstellungskomplexen und diese an unversehrte „apparative" Prämissen gebunden sind. Die präsentierte Fallanalyse ist wichtig für eine schärfere kritische Fassung dessen, was wir Pathomorphose nennen, sie gleicht einem *argumentum e contrario* (cf. Doerr, W.: Gestalttheorie und morphol. Krankheitsforschung. In: E. Seidler, Medizinische Anthropologie. Berlin, Heidelberg, New York, Tokyo: Springer 1984 S. 77–88).

Literatur

1. Burchard, J.M.: Lehrbuch der systematischen Psychopathologie. Bd. I. F.K. Schattauer, Stuttgart New York 1980
2. Conrad, K.: Strukturanalysen hirnpathologischer Fälle. Dtsch. Z. f. Nervenheilk. *158* (1947) 344–371
3. Conrad, K.: Über den Begriff der Vorgestalt und seine Bedeutung für die Hirnpathologie. Nervenarzt *18* (1947) 289–293
4. Conrad, K.: Über differentiale und integrale Gestaltfunktion und den Begriff der Protopathie. Nervenarzt *19* (1948) 315–323
5. Conrad, K.: Beitrag zum Problem der parietalen Alexie (S. 330–352). In: Ein Querschnitt durch die Arbeit der Tübinger Nervenklinik. E. Kretschmer zum 60. Geburtstag. Springer, Berlin Göttingen Heidelberg 1949
6. Conrad, K.: Zur Psychopathologie des amnestischen Symptomenkomplexes. Gestaltanalyse einer Korsakowschen Psychose. Dtsch. Z. f. Nervenheilk. *170* (1953) 35–60
7. Conrad, K.: Die Gestaltanalyse in der psychiatrischen Forschung. Nervenarzt *31* (1960) 267–273
8. Ehrenfels, Chr. v.: Über „Gestaltqualitäten". Vjschr. f. wisssch. Philosophie *14* (1890) 249–292
9. Jaspers, K.: Allgemeine Psychopathologie. 4. Aufl. Springer, Berlin Heidelberg 1946

Gestalttheorie und Morphogenese

W. Jacob

> „Es geht doch nichts über die Freude, die uns das Studium der Natur gewährt. Ihre Geheimnisse sind von einer unergründlichen Tiefe, aber es ist uns Menschen erlaubt und gegeben, immer weitere Blicke hinein zu tun. Und grade, daß sie am Ende doch unergründlich bleibt, hat für uns einen ewigen Reiz, immer wieder zu ihr heranzugehen und immer wieder neue Einblicke und neue Entdeckungen zu versuchen."
>
> Goethe, 1831

In einem Aufsatz „Gestalttheorie und morphologische Krankheitsforschung" hat W. DOERR das Gestaltproblem in der Pathologie zur Diskussion gestellt.[1] Im Zentrum der gestalttheoretischen Betrachtung steht die Gestalttheorie von CHRISTIAN VON EHRENFELS.[2] DOERR erläutert sie wie folgt:

Erstes Ehrenfelskriterium: Die charakteristischen Eigenschaften einer *Gestalt* sind aus der Summe der Eigenschaften der Einzelteile nicht zusammensetzbar. Ein Ganzes ist daher mehr als die Summe seiner Teile. Ein Ganzes ist kein additives Phänomen. Nur dann wird eine Gestalt richtig und als solche erfaßt, wenn der *Bedeutungszusammenhang* erkannt worden ist.

Zweites Ehrenfelskriterium: Unter *Gestaltqualitäten* verstehen wir positive Vorstellungsinhalte, welche an das Vorhandensein von Vorstellungskomplexen im Bewußtsein gebunden sind, die ihrerseits aus voneinander trennbaren Elementen bestehen. Diese „Vorstellungskomplexe" sind die Grundlage der Gestaltqualität.

Der *Raumgestalt* liegt eine figürliche Anordnung visuell erkennbarer Gegenstände zugrunde, aus deren einzelnen Teilen die Besonderheit des Ganzen nicht erschlossen werden kann. Nur die Gesamtheit der räumlichen Zuordnungen macht deutlich, was wirklich vorliegt.

DOERR erwähnt aus der EHRENFELS'schen Gestalttheorie die erst kurz vor seinem Tode in einem Aufsatz „Über Gestaltqualitäten" beschriebene *Tongestalt*.[3] Hier unterscheidet Ehrenfels die mnemischen Funktionen des „absoluten Gehörs" von den Gedächtnisfähigkeiten für Melodien und Harmonien, bei denen ein „Simultankomplex" der Wahrnehmung erzeugt wird, der die Wiedererkennung bei dem Erklingen einer Melodie ermöglicht.

Für die *Pathogenese* spielt die *Zeitgestalt* eine wichtige Rolle: Bestimmte Krankheitsbilder (etwa des Typhus abdominalis) lassen sich anhand der zeitlich in charakteristischer Weise ablaufenden Symptomfolge erkennen. Einer konkreten Anwendung der Gestalt-Kriterien in der Pathoanatomie entspricht der *Homologie*-Begriff dessen Bedeutung für die tägliche Diagnostik, sei es für die Strukturanalyse des menschlichen Herzens, sei es für die Deutung von Struktur und Funktion des lymphoepithelialen Organes von W. DOERR besonders hervorgehoben wird.[4] Das Studium der Entzündung, die Interpretation morphologisch sichtbar werdender Krankheitsstadien, die Beurteilung des Gestaltwandels als einer therapeutisch induzierten „Pathomorphose" und schließlich die Beurteilung der Organbefunde in der Sektionspathologie sind ohne die Berücksichtigung *gestaltender* pathogenetischer Kräfte nicht denkbar.

Es scheint nun nicht zufällig zu sein, daß sich v. EHRENFELS in der Spätphase seiner Gestaltphilosophie dem musikalischen Phänomen der Tonfolge zuwandte, um den *Gestalt*-Begriff zu erläutern. Ähnlich verfährt J. v. UEXKÜLL in seiner theoretischen Biologie und – in neuester Zeit – M. EIGEN in der Molekular-Biologie.[5,6] Musikalische Phänomene dienen zur Erläuterung struktureller Phänomene der biologischen Gestalt. Wir wollen untersuchen, inwieweit es sich dabei um reale Ordnungsphänomene (ordo naturae sive ordo hominis) handelt, welche sowohl der biologischen Gestalt als auch den Gestaltphänomenen der Musik zugrundegelegt werden können.[7]

J. v. UEXKÜLL scheint zunächst rein analogisch zu verfahren, wenn er den Wahrnehmungsvorgang analog zur Tongestalt einer Melodie beschreibt und davon spricht, daß die Richtungszeichen der optischen Wahrnehmung sich „in Zeit und Raum als Melodie der Richtungszeichen" abspielen müssen, um in Erscheinung treten zu können.[8] Überraschenderweise lassen sich jedoch beide EHRENFELS-Kriterien unmittelbar auf die UEXKÜLL'sche Betrachtung anwenden, ohne daß v. UEXKÜLL von der EHRENFELS'schen *Tongestalt* etwas gewußt haben konnte (v. UEXKÜLL 1920, v. EHRENFELS 1932). J. v. UEXKÜLL bleibt nicht bei der analogischen Betrachtung stehen. Unter Berufung auf Kant versucht er, den Vorgang der „verborgenen Kunst des Gestaltens in unserem Gemüt" – von KANT als „Schematismus" bezeichnet – sowohl dem „Schema der empirischen Dinge", als auch dem „Entwerfen der Bilder in der Vorstellung" zugrundezulegen.[9] Mit anderen Worten, auch der Wahrnehmungsvorgang selbst ist sowohl im biologischen Substrat wie in der immateriellen Realisierung das Wahrgenommene als *Wahrnehmung* verankert. „Im Plan unserer Organisation – so lautet die Folgerung – spielen mithin materielle wie immaterielle Faktoren ihre fest umschriebene Rolle". Physikalische Wirkung, physiologische Erregung und schließlich psychische Qualitäten lösen einander ab.

Nun wissen wir heute, daß die Gestaltenfülle des Organismus an ein äußerst informationsträchtiges Programm gebunden ist, strukturell vermittelt durch die DNS-Moleküle. Ein wichtiges Problem bleibt dabei jedoch in Hinsicht auf die *Morphogenese* auch von Seiten der molekularbiologischen Analyse der Genapparatur vorläufig ungelöst und gänzlich *offen:* Wir wissen nicht, warum gerade *diese* und nicht eine ganz *andere* organismische Gestalt sich aufgrund der gegebenen genetischen Information *manifestiert.* Wie EIGEN u. a. berechnet haben, können aus quantitativen Gründen die molekularbiologischen Informationen für die zeiträumlich sich manifestierenden adulten organismischen Gestalten ohnehin nicht insgesamt aus der Stammzelle, dem *Genotypus,* hervorgegangen sein.[10] Hier scheint ein gestaltbildender *Transformationsprozeß* am Werk zu sein, den wir in seiner Vielfalt vielleicht am ehesten – allein schon was die psychophysische Sprachgestalt anbetrifft – den gestaltbildenden Fähigkeiten unserer *Sprache* vergleichen können.[11]

Daß die *biologisch-organismischen Gestalten* in höchstem Grade *Zweckmäßigkeit in Struktur und Funktion* vorweisen, erscheint in dem genannten

Zusammenhang zwar wie eine selbstverständliche, jedoch bei Anwendung streng naturwissenschaftlicher Kriterien nur schwer hinzunehmende Voraussetzung. Die *Durchsetzung* des biologischen Gestalt-Prinzips erfolgt jedenfalls nach einer raum-zeitlich sich manifestierenden *Planmäßigkeit* (J. v. UEXKÜLL),[12] welche als Grundvoraussetzung für jegliche Manifestation eines biologischen Organismus – beginnend bei den Einzellern – anzusehen ist, und zwar nach einem bisher weitgehend unaufgeklärten „biologischen Mechanismus", der tätig werden muß, damit aus einem bestimmten genetisch fixierten Molekülkomplex eine strukturierte, physiologisch tätig werdende autonome organismische *Gestalt*bildung bis hin zu ihrem ausgewachsenen Endzustand sich realisieren kann.

Über einzelne Stadien der Orthogenese biologischer Organismen gibt die anatomische Entwicklungslehre, über Zeit, Ort und Ausmaß gestalthafter Aberrationen der Organbildung die Lehre von den Mißbildungen Auskunft. In all diesen Bereichen kann es keinen Verzicht auf die makroskopische Betrachtungsweise des Organes geben, ohne sich einer ganz wesentlichen Informationsquelle für Krankheits- und Mißbildungslehre von vornherein zu begeben. Zwar kann man durch vektorielle Analysen sowohl der orthogenetischen Gestaltenbildung als auch der Mißbildungsgestalt die rein morphologische Betrachtungsweise ergänzen, jedoch keinesfalls ersetzen. Eine streng mathematische Bearbeitung gestaltbildender Kräfte in der Biologie ist erst durch die sog. *„Katastrophentheorie"* (R. THOM) verfügbar.[13]

Sozusagen am Anfang der *molekularbiologischen* Betrachtungsweise der Morphogenese steht der lapidare Satz M. EIGENS: „Für den Molekularbiologen unserer Tage ist die identische Reproduktion einer Gestalt zweifellos das größere Wunder als ihre gelegentliche Metamorphose."[14] Mit anderen Worten, auch dem Molekularbiologen erscheint es keinesfalls möglich oder gar selbstverständlich, den komplizierten Weg der *Orthogenese der biologischen Gestalt* in der durch höchste Vollendung und Komplexität sich auszeichnenden Entwicklung eines Lebewesens zu *erklären,* einer Entwicklung, „die mit einer einzigen befruchteten Eizelle beginnt und aus der schließlich das nach Milliarden determinierter somatischer Zellen zählende, ausgewachsene Individuum hervorgeht." Selbst bei dem Aufbau eines Viruspartikels ist bereits ein „gewaltiges Puzzlespiel" am Werk.

Für den weiteren Erkenntnisgang der Morphogenese sind die folgenden Schwierigkeiten zu bewältigen:

1. Schon die orthogenetische Entwicklung des Lebewesens – vorgestellt nach dem Prinzip des „Puzzlespiels" – würde das Vorhandensein einer Unzahl gegebener Informationen separat „für jede dieser Milliarden verschiedener Zellen und ihrer Bestandteile" voraussetzen! *Wer* – welches biologische *Subjekt* oder welche prägende Umwelt, welche in der Keimbahn verankerte Vielfalt von Informationen könnte diese Informationsarbeit de facto leisten?

2. Eine Alternative wäre die Annahme eines Systems „auf chemische Weise erzeugter *Muster* von Morphogenen", welche zu verschiedenen Stadien der orthogenetischen Entwicklung in Funktion treten.

Eigen sieht eine solche Möglichkeit in Analogie zur Rezeptorbildung in der Immunologie. Aber auch im Bereich der Immunologie werden durch die Aufklärung der Rezeptorwirkung nur die biochemischen Möglichkeiten einer Antikörperbildung erläutert, es wird nicht *die spezifische Morphogenese des Rezeptors selbst* hinreichend erklärt. Erklärt wird auch hier nur der chemisch analysierbare Zusammenhang zwischen Rezeptorfunktion auf der einen Seite und Antikörperfunktion auf der anderen Seite.[15] Ein konkretes Ergebnis der molekularbiologischen Aufklärung dieses Zusammenhangs ist die strukturelle Beschaffenheit der sog. *Immunantwort.* Durch ihre präzise molekularbiologische Analyse wird die Funktion des sog. „Immungedächtnisses" deutlich gemacht, eines „äußerst komplizierten, durch manigfache Wechselwirkung verknüpften funktionalen Netzwerkes".

Dieses höchst komplexe immunbiologische Modell ist in vieler Hinsicht lehrreich: Wenn nämlich die notwendige Programmkapazität für „jede einzelne der viele Milliarden zählenden somatischen Zellen" im Genom der Keimzelle nicht untergebracht werden kann, so muß *ein Teil des Gestalt- und Funktionsprogrammes in den Zellen des wachsenden Organismus selbst oder in ihrer Umgebung,* nicht aber in den Genbestandteilen des Zellkerns verankert sein. Die Pluri- bzw. Omnipotenz bestimmter Einzelzellen steht dabei außer Frage, aber die notwendig werdenden zeit- und ortsständigen Informationen aus der „Nachbarschaft" sind vorläufig ein Postulat.

Die *Gestaltenfülle* morphologischer Befunde im mikroskopischen und makroskopischen Bereich bedarf nach wie vor einer zureichenden Erklärung. Doch weder die heutige Molekularbiologie noch eine wie auch immer fundierte Evolutionstheorie ist in der Lage, die naturwissenschaftlichen Grundlagen biologischer Gestaltungskräfte und ihrer Manifestationen aufzuklären oder zu erläutern.

I. Molekularbiologische Aspekte der biologischen Gestalt

Die molekularbiologische Betrachtungsweise der Natur zwingt zu einer *analytischen* Betrachtung der Probleme der Evolution. J. Monods molekularbiologische Interpretation von „Zufall und Notwendigkeit" ist zunächst nichts anderes als der Versuch, dem Chaos, dem *Nichts* als dem Urbeginn der Welt, ein wissenschaftlich rationalisierbares Vermögen abzulauschen, das geeignet ist, den Weg der Welt, den sie seit ihrer Entstehung nach rationalwissenschaftlicher Erkenntnis genommen haben könnte, zu beschreiben.[16] Monod kleidet die Prinzipien, denen eine molekularbiologisch ausgerüstete Evolutions-Theorie nach seiner Auffassung zu folgen hat, in die Begriffe „Zufall" und „Notwendigkeit". Unter dieser Prämisse läßt sich nicht nur das sehr differenzierte molekularbiologische Geschehen im Zellkern und Zellplasma einer prozeßhaften Analyse unterwerfen; vielmehr deuten die erkenntnistheoretischen Extrapolationen über den nach Millionenjahren zu bemessenden Zeitraum der Evolutionsgeschichte des Lebens darauf hin, daß eine andere Disziplin als die *morphologische* Methode eines Darwin, Lamarck oder Geoffrey Saint-Hilaire das Zepter in der Evolutionsforschung übernommen hat.

Wenn aber überhaupt von einem dialektischen Umschwung in den Wissenschaften gesprochen werden soll – dem ein Paradigmawandel *folgt,* anstatt ihn einzuleiten – so läßt sich gerade erkennen, daß auch im Bereich der *Mikrostrukturen* der lebenden und toten Substanz das *Gestaltproblem* der Evolution und damit das der *Geschichte des Lebens* nicht etwa ad acta gelegt ist, sondern sozusagen untergründig fortschwelt: Die molekularbiologische Analyse der Erbfaktoren schafft nicht nur die Basis für ein tieferes Verständnis der biologisch sich entfaltenden Formenvielfalt, sondern ihr sind auch die *konstruktivistischen* Möglichkeiten des *Eingreifens* in die Gensubstanz und damit der Erzeugung beliebig neuer biologischer Formenvielfalt gegeben, nicht aber eine verbindliche Erklärung, *wie* aus dem inzwischen analysierbaren genetischen Code diese und keine andere manifeste biologische Gestalt des werdenden Organismus sich entfaltet und im Erwachsenenalter über Jahre und Jahrzehnte sich aufrecht erhält.

Für den Pathologen, auch für den Kliniker, drängt sich angesichts der modernen molekularbiologischen Entwicklung die folgende Frage auf: Bleibt nicht fortan das „morphologische Bedürfnis einer allgemeinen Krankheitslehre auf pathoanatomischer Grundlage“ ein Rudiment längst überholter pathoanatomischer Forschung?

Geht es nicht in der neueren wissenschaftlichen Zielsetzung ausschließlich darum, *alle* Prozesse des Lebens, auch seine physischen und geistigen Äußerungen den Prinzipien einer molekularbiologischen Analyse zu unterwerfen? Der allgemeine Trend geht in diese Richtung. Fragt man sich aber im Rahmen der klinischen Forschung, wohin eine solche Perspektive letztlich führen wird, so ergibt sich für den Arzt, den Kliniker, den Pathologen recht eigentlich die Frage, welchen Erkenntnis*schwund* ein absoluter Verzicht auf die Prinzipien der *biologischen Morphogenese* – und Pathogenese ist immer auch Morphogenese – zugunsten einer rein molekularbiologischen Betrachtungsweise zur Folge haben würde.

Noch weit schwieriger allerdings als für den Kliniker oder den Pathologen erweist sich das Problem der organischen „Gestalt“ für die Molekularbiologie selbst. Der Versuch einer molekularbiologischen Begründung der Evolution, in der wir uns mit dem Problem der *phylogenetischen Wandlung biologischer Gestaltenfülle* auseinanderzusetzen haben, schließt für M. Eigen „allgemein naturwissenschaftliche, philosophische, soziologische und ästhetische Gesichtspunkte“ *ein!*[16] Er rechnet geradezu mit dem Widerspruch derer, „die nur *einen* bestimmten Aspekt gelten lassen wollen.“ Die *interdisziplinären Aussagen* seiner wissenschaftstheoretischen Untersuchungen beschränken sich nicht etwa auf den abstrakten Raum einer extrapolierten molekularbiologischen Wissenschaft, sondern ihm geht es darum, Parallelen aufzudecken, ja die Einheit von Natur und Geist hervorzuheben“. In einem eigenen Kapitel über „Schöpfung oder Offenbarung“ untersucht Eigen, ob der Mensch, auch der Wissenschaftler, sich unter dem Eindruck der unendlichen Vielfalt materiell sich manifestierender Möglichkeiten in der Evolutions*geschichte* dieser Frage überhaupt entziehen kann.[17]

Das Werden der uns umgebenden *gestalthaften Natur* läßt sich nicht aus den Prinzipien „Zufall und Notwendigkeit“ herleiten, sondern bedarf gewisser

„Spielregeln" (EIGEN), welche sich erst in der Evolutions*geschichte* manifestieren. Unter der unendlichen Vielzahl „der insgesamt möglichen Alternativen" besitzt die „tatsächliche historische Abfolge" in unserer begrenzten Wirklichkeit so etwas wie eine individuelle Einmaligkeit.[18]

Die unendliche Vielfalt der zu einem *historischen Geschehen* eingeschränkten Möglichkeiten der Evolution und ihrer naturgesetzlichen Gestaltenfolge schildert EIGEN zunächst am Beispiel der Bildung weniger Schneekristalle. Sie sind unter dem Aspekt der Vielfalt der Möglichkeiten ihrer Konstellation als „im Detail *einmalig*" anzusehen! Schon am anorganischen Bereich also zeigt sich die unendliche Vielfalt und zugleich Präzisionsarbeit der *gestaltenden* Natur.[19]

Die Einmaligkeit der Gestalt eines einzigen Schneekristalles ist abhängig von den sog. „Fehlordnungserscheinungen". In den über 10^{18} Wassermolekülen, die ein einziges Schneekristall enthält, gibt es die Möglichkeit, in der Gitterstruktur eine Milliarde Fehlstellen zu besetzen, die auf 10^{10}-fache verschiedene Weise auf die 10^{18} Gitterplätze verteilt werden können (M. EIGEN).

Die Darstellung eines solchen Vorganges wäre weit hergeholt, wenn er nicht Rückschlüsse auf andere *historisch* sich manifestierende Bereiche und Kategorien, z. B. auf die Vielfalt der Gesetzmäßigkeiten der „Evolution der Ideen" oder der „Evolution der Gesellschaftssysteme" zuließe; sie sind des öfteren mit der Vielfalt der Möglichkeiten in der lebendigen Natur verglichen worden.[20] Dennoch bleiben diese sogen. geistigen Möglichkeiten des Menschen, verglichen mit der Vielfalt morphologischer Merkmale in der sich gestaltenden *Natur* von einer bemerkenswerten Simplizität und Dürftigkeit!

Als ein Ergebnis genereller Überlegungen im Rahmen eines Spezialfaches – hier der Molekularbiologie – resultiert die Betrachtung *des Menschen und der Natur in ihrer Zusammengehörigkeit und Ganzheit,* und zwar nicht begründet durch mehr oder weniger willkürlich herbeigezogene *Ganzheitsanalogien* aus anderen Wissenschaftsbereichen, sondern zwingend sich ergebend aus den Fakten des eigenen Wissenschaftsbereiches[21]. Dieses auch aus anderen naturwissenschaftlichen Spezialbereichen – etwa der modernen Physik (N. BOHR, W. HEISENBERG, I. PRIGOGINE) sich ergebende *Novum* kündigt ein in den Spezialwissenschaften immer deutlicher werdendes Bedürfnis nach einer systematischen *interdisziplinären Forschung* an. Es setzt freilich eine Haltung voraus, die M. EIGEN eher zurückhaltend mit dem Satz umschreibt: „Zwar haben wir uns mit unseren Ideen auf Gebiete vorgewagt, auf denen wir nur Dilettanten sind".[22] Das interdisziplinäre Bedürfnis einer bestimmten Fachdisziplin richtet sich jetzt nicht mehr nur nach dem Stand der Fachkenntnisse, die ein hervorragender Vertreter seines Faches in einem anderen Fachgebiet erworben hat; es entsteht vielmehr zunächst einmal eine Art *consensus omnium* der fragenden Wissenschaftler über den *gemeinsamen Gegenstand* der Fragestellung. Durch diese neue Formation interdisziplinärer Forschung erhält das einzelne wissenschaftliche *Faktum* einen ganz neuen Stellenwert; denn es läßt sich nun nicht mehr nur einseitig in den Zusammenhang einer bestimmten Fach- und Forschungsrichtung eingliedern, sondern es muß sich gleichsam *eine Betrachtung von allen Seiten* gefallen lassen.

II. Bedeutungslehre

Sowohl die Einführung des *Subjektes* in die Biologie und in die Medizin, als auch die Erfahrungen der Molekularbiologie im Umgang mit biologischen Strukturen lassen es naheliegend erscheinen, den Begriff der *Komplementarität* – wie NIELS BOHR dies selbst noch vorgeschlagen hat – in die Biologie zu übertragen und ihn dort anzuwenden.[23] Denn es läßt sich weder die molekularbiologisch aufgeklärte biologische Struktur – qua scientia – *subjektivieren,* noch läßt sich das Subjekt des Lebewesens – ein lebendiges Sein und Handeln dieses Subjektes vorausgesetzt – als solches *objektivieren.*

Das Lebewesen als *Subjekt* steht sozusagen zur Objektivierbarkeit der biologischen Substanz seiner Leiblichkeit in einem *Komplementärverhältnis.* Die Leiblichkeit der Wahrnehmung des Subjektes besteht gerade darin, daß sie in der Wahrnehmung selbst *nicht* erscheint, ebenso wie die *organischen Bedingungen* der Wahrnehmung die Wahrnehmung als solche nicht enthalten![24]

Nun kann man durch Beobachtung *alles* zum *Gegenstand* seiner Aufmerksamkeit und damit zu einem Gegenstand der *deskriptiven* Wissenschaften machen, also auch das *Subjekt,* und zwar nicht nur das Subjekt des Tieres, sondern auch – wie es vornehmlich in der Psychologie geschieht – das Subjekt des Menschen. „Ich selbst" kann mich zum „Gegenstand" meiner Beobachtung machen und diesen Gegenstand beschreiben.[25]

Wie aber steht es mit der *analytischen* Objektivierbarkeit der biologischen Gestalt?

Hier ergeben sich die folgenden Gesichtspunkte:

1. Es bleibt vorläufig offen, ob die neuere Genforschung in der Lage sein wird, durch die Einführung des Informationsbegriffs eine Annäherung an die *Gestalttheorie* zu ermöglichen. Das Skript der „genetischen Information" – vermittelt durch die DNS-Helix des Zellkerns – läßt Strukturen erkennen, die ein *echtes Äquivalent* zu den Sprachanalysen der Linguistik bilden und – vice versa – die Annahme erlauben, auch die DNS-Information enthalte „Mitteilungen", die *Bedeutungswert* haben.[26]

2. Die Gestalttheorie letztendlich liefert gewisse Hinweise für die Umsetzung genetischer Informationen in die *Planmäßigkeit der biologischen Gestalt* (J. v. UEXKÜLL) und zwar sowohl in Hinsicht auf die unendliche Vielfalt ihrer orthogenetischen Metamorphosen wie deren planmäßige Einfügung in den gesamten Organismus.

3. „Mitteilung" heißt aber noch etwas anderes: Setzen wir die *Subjekthaftigkeit* des Lebewesens in der Biologie voraus, so muß es eine *Vermittlung* sowohl zwischen dem *Subjekt* und seinen *Intentionen* als auch dem biologischen Substrat, welches diese Intentionen vollzieht, geben.[27] Die Gestalttheorie versucht, dieses Postulat zu ergänzen, indem sie mit dem *ersten* und *zweiten Ehrenfelskriterium* festlegt, daß die Gestalt des Lebewesens analog zu der Gestaltung (Ausfaltung) einer Melodie gedacht werden kann oder gedacht werden muß, daß also das Sein und die Erfassung einer *Ganzheit* biologisch offener Systeme (BERTALANFFY) einem *Gestaltprinzip* folgt, das im biologischen Substrat sich realisiert.[28]

Die wichtigste Frage der Gestalttheorie allerdings bleibt ebenfalls offen. Sie lautet:

4. Ist die *Subjekthaftigkeit* der lebenden Substanz an die *biologische Gestalt* gebunden oder nicht?

   Die Besonderheit *biologischer,* d. h. an lebende Substanz gebundener Gestaltungsprinzipien gegenüber *anorganischen* Gestalten wäre ein gewisser Hinweis, insbesondere wenn man der in der Naturwissenschaft des 19. Jahrhunderts unstreitigen These G. W. F. HEGELS folgt, daß *alle Lebewesen* – einschließlich der Pflanzen – *Subjekt*träger sind.[29]

5. Ein weiterer Gesichtspunkt ergibt sich aus den *komplexen* biologischen Strukturen und Funktionen selbst. Es erscheint völlig ausgeschlossen, die unendliche Vielfalt der zum Teil hierarchisch übereinander geschichteten, zum Teil durch Kompartimente getrennten biologischen Funktionen als Ergebnis einer abstrakten Evolutionstheorie sich vorzustellen, es sei denn, man würde die hochkomplexen *Gestaltungsfaktoren* des biologischen Substrates als solche ausblenden und sie nach den Prinzipien von „Zufall und Notwendigkeit" (MONOD) einem *abstrakten Schematismus* unterwerfen! Da aber auf solche Weise keine *konkrete* biologische Gestalt zustande kommen kann, läßt sich das Denkprinzip von „Zufall und Notwendigkeit" im Evolutionsprozeß nur so retten, daß es vielleicht regulierend auf den Evolutionsprozeß einzuwirken vermag, nicht jedoch eine im Sinne der Gestaltenbildung richtungsgebende Funktion ausübt, von daher also die hochdifferenzierte biologische Gestaltenfülle keineswegs erklären kann. Die EIGENsche Vorstellung, daß Gesetze des *Spieles* hier am Werke sind [30] und eine gewisse *„Richtung"* vorschreiben, erscheint eher plausibel und zwar dann, wenn Molekularprozesse als *Vermittler,* nicht aber als *Vollender* sehr komplexer genetischer Informationen zu interpretieren sind. Demnach erklärt auch die durch das Spiel gewiesene „Richtung" nicht die sich bildende *Gestalt!* Der *Subjekt*charakter des Lebewesens bleibt, wie gesagt, durch beide Thesen unerklärbar, in seinen *Lebensäußerungen* aber eine unumstößliche *Erscheinung des Lebendigen.*

Literatur und Anmerkungen

1 DOERR, W.: Gestalttheorie und morphologische Krankheitsforschung. In: Medizinische Anthropologie. Beiträge für eine theoretische Pathologie (Hrsg. E. SEIDLER), Springer, Berlin, Heidelberg, New York, Tokio 1984, S. 77–88

2 EHRENFELS, CHR. v.: „Über Gestaltqualitäten". Vjschr. f. wissenschaftl. Philosophie *14:*249 (1890)

3 EHRENFELS, CHR. v.: Über Gestaltqualitäten (1932). In: F. WEINHANDL: Gestalthaftes Sehen. Wiss. Buchges. Darmstadt 1960, S. 61 ff.

4 DOERR, W: 1. c. S. 82

5 UEXKÜLL, J. v.: Theoretische Biologie. Berlin 1920

6 EIGEN, M. und WINKLER, R.: Das Spiel – Naturgesetze steuern den Zufall. 4. Auflage, Piper 1981

7 An sich ist diese Perspektive so alt wie die menschliche Kultur. Es wäre falsch, deren Zeugnisse etwa im alten China, bei PLATON, in der Scholastik, bei LEONARDO DA VINCI

oder in der Harmonica Mundi eines JOHANNES KEPLER als mehr oder weniger willkürliche – per analogiam – gezogene Schlüsse mißzuverstehen. J. v. UEXKÜLL geht in seiner „Kompositionslehre der Natur" sehr weit, wenn er sagt: „Es gibt nicht nur die beiden Mannigfaltigkeiten von Raum und Zeit, in denen sich die Dinge ausbreiten können. Es gibt noch die Mannigfaltigkeiten der Umwelt, in denen sich die Dinge in immer neuen Formen wiederholen. All die zahllosen Umwelten liefern in der dritten Mannigfaltigkeit die Klaviatur, auf der die Natur ihre überzeitliche und überräumliche Bedeutungssymphonie spielt. Uns ist während unseres Lebens die Aufgabe zugewiesen, mit unserer Umwelt eine Taste in der riesenhaften Klaviatur zu bilden, über die eine unsichtbare Hand spielend hinübergleitet." (UEXKÜLL, J. v.: Die Bedeutungslehre. Neudruck: Fischer, Frankfurt a. M. 1970, S. 159)

8 UEXKÜLL, J. v.: l. c. 1920 (Neudruck 1973, S. 111)

9 UEXKÜLL, J. v.: Kompositionslehre der Natur – Ausgewählte Schriften. Propyläen, 1980, S. 105 f.

10 EIGEN, M.: l. c. S. 327 f.

11 Auch nach dem Prinzip der „generativen Grammatik" (CHOMSKY) ist ein solcher Vergleich kein analogischer, da der DNS-Code der Gene ähnlichen Prinzipien zu folgen scheint, wie die Grammatik menschlicher Sprachen, wenn sie einer linguistischen Analyse unterworfen wird. (CHOMSKY, N.: „Aspekte der Syntax-Theorie". Suhrkamp-Taschenbuch Wissenschaft 42. Suhrkamp, Frankfurt a. M. 1969, s. auch: M. EIGEN, l. c. S. 314 f.)

12 Uexküll. J. v.: l. c., 1920

13 Thom, R.: Stabilité structurelle et Morphogénèse. Essai d'une Theorie generale des Modelles

14 EIGEN, M.: l. c. S. 96

15 EIGEN, M.: l. c. S. 98 f., 326 ff.

16 MONOD, J.: Zufall und Notwendigkeit. Piper, München 1971

17 EIGEN, M.: l. c. S.

18 EIGEN, M.: l. c. S. 194 f.

19 DOERR, W., W. JACOB, TH. NEMETSCHEK: Über den Begriff des Krankhaften aus der Sicht des Pathologen. Internist. *16,* 41 (1975)

20 l. c. S. 196

21 Die Frage, ob von einer Gesetzmäßigkeit der „Evolution der Ideen" oder der „Evolution der Gesellschaftssysteme" überhaupt gesprochen werden kann und woher sie stammt, ist in der Soziologie vielfältig diskutiert worden. Da es sich um überindividuelle vom Menschen veranstaltete Gesetzmäßigkeiten handelt, steht die KANTsche Frage zur Diskussion, inwieweit auch geschichtlich sich vollziehende Lebensprozesse des Menschen unter den Aspekt der „Natur" zu subsummieren sind. (I. KANT: Ideen zu einer allgemeinen Geschichte in weltbürgerlicher Absicht. Werke in 6 Bänden, Wiss. Buchges. Darmstadt 1964, S. 33–50.)

Auch MANFRED EIGEN greift das Problem auf angesichts der Frage, ob eine menschliche Ethik sich „aus objektiver Erkenntnis allein" ableiten lasse (S. 196). Unter „objektiver Erkenntnis" wäre hier die naturwissenschaftliche zu verstehen. Klarheit läßt sich in diese Frage nur dann bringen, wenn man sich dazu entschließt, wie noch KANT die *„Natur des Menschen"* zur *„Natur"* erneut in eine direkte Beziehung zu setzen und diese nicht nur nach dem POPPER'schen Prinzip der Einteilung der realen Welt in drei Fundamentalkategorien zu untersuchen. S. u. a. W. JACOB, l. c. (27) S. 53 ff.

22 M. EIGEN schließt das genannte Kapitel mit einer Betrachtung über den BOHRschen Komplementaritätsbegriff ab: „Ob in der Quantenmechanik die Antwort ‚Welle oder Korpuskel' lautet, hängt im Experiment einzig und allein von der Fragestellung ab. Der Physik ist diese Dichotomie nicht erspart geblieben, und auch aus der Biologie ist sie erst recht nicht fortzudenken. *Das Leben ist weder Schöpfung noch Offenbarung, es ist keines von beiden, weil es beides zugleich ist"* (S. 197)

23 BOHR, N.: Atomphysik und menschliche Erkenntnis. Sammlung „Die Wissenschaft", Bd. 112, S. 102, Vieweg, Braunschweig 1958

24 WEIZSÄCKER, V. v.: Der Gestaltkreis. 4. Auflage, Thieme, Stuttgart 1950

25 Auf die Konsequenzen, welche der kartesianische Ansatz für die Ich-Psychologie gehabt hat, sei hier nur hingewiesen (E. HUSSERL: Cartesianische Meditationen. Husserliana Bd. 1, Nijhoff, Den Haag 1963)

[26] S. u. a. M. EIGEN, l. c. S. 313 f.

[27] JACOB, W.: Kranksein und Krankheit – Anthropologische Grundlagen einer Theorie der Medizin. Hüthig, Heidelberg 1978

[28] Zitiert nach W. DOERR, l. c. S. 78 f.

[29] HEGEL, G. W. F.: Sämtliche Werke, Hrsg. Hermann Glockner, Bd. 9, S. 496f.

[30] „Das Spiel ist ein Naturphänomen, das von Anbeginn den Lauf der Welt gelenkt hat: die Gestaltung der Materie, ihre Organisation zu lebenden Strukturen wie auch das soziale Verhalten der Menschen“. (M. EIGEN: l. c. S. 17)

Wandel in der Pathologie aus berufspolitischer Sicht

M. Stolte

Der tiefgreifende Wandel im Fachgebiet Pathologie ist wohl am besten in der Laudatio von Herrn Professor DOERR am Beispiel des Lebensweges unseres Lehrers, Herrn Professor BECKER, klargeworden. Die Vorträge der habilitierten BECKER-Schüler haben uns beispielhaft die Tiefe und Breite dieses Wandels vom Mythos über die Phylogenese, die Beispiele aus der Organpathologie, den Wasser- und Elektrolythaushalt bis hin zum neuen aktuellen Aufgabengebiet der Umweltpathologie vor Augen geführt

Der weitgespannte inhaltliche Bogen dieses Wandels zeigt, daß unser Fachgebiet lebendig ist, nicht angesiedelt im Niemandsland des esoterischen Elfenbeinturms, neue Ziele erkennt, neue Aufgaben übernimmt und löst, sich nicht zufriedengibt mit dem, was ist, sondern aus sich selbst heraus und durch Einflüsse aus anderen Fachgebieten eingebunden in die guten Traditionen und die Prinzipien der Freiheit von Forschung und Lehre Innovationen schafft, die in die gesamte Medizin ausstrahlen.

All dieses war möglich und ist noch möglich. Doch: Wir alle müssen frühzeitig erkennen, daß

- diese Entwicklung durch Einflüsse von innen und mehr noch durch Einflüsse von außen in Gefahr ist,
- „die Pathologie" auf dem Weg der Destruktion und Atomisierung ist,
- die Leistungen der Pathologie dadurch qualitativ schlechter und teuerer werden können, wenn wir nicht rechtzeitig diese Gefahren erkennen, dagegen Strategien der Prävention und Therapie entwickeln, Fehlentwicklungen korrigieren, Einsichten durchsetzen und anwenden. Kurz: Die Zukunftsverantwortung für die nächsten Pathologengenerationen übernehmen.

Ich meine nicht den Wandel unseres Faches durch neue Methoden – Elektronenmikroskopie, Zytologie, Immunhistochemie bis hin zur In-situ-Hybridisierung und molekularbiologischen Pathologie. Ich meine auch nicht in erster Linie den Wandel durch Änderung der alten Aufgaben und Übernahme neuer Aufgaben, hier insbesondere die Verlagerung des Schwerpunktes unserer Arbeit weg von der postmortalen Pathologie und hin zur intravitalen diagnostischen Pathologie (3, 5, 6, 9, 10, 12, 14, 16, 17, 19, 20).

Doch hier beginnt schon die Möglichkeit der Gefahr eines von innen kommenden Strukturwandels. Neben neuen Kooperationen sind Konfrontationsreibungsflächen entstanden. BECKER und REMMELE haben kürzlich in Editorials darauf hingewiesen (4, 18).

Der stete Rückgang der Obduktionsfrequenz – auch als Folge dieses Wandels – auf den Stand eines Entwicklungslandes, die Verkümmerung eines Standbeines nicht nur der Pathologie, sondern der gesamten Medizin mit den Folgen für die Qualitätssicherung, die Beratung von Angehörigen, die Entdekkung neuer Krankheiten, die Analyse der Nebenwirkungen von Diagnostik und Therapie für Lehre und Forschung und als Basis für gesundheitspolitische Entscheidungen, all dies kann nicht tatenlos hingenommen werden. Wir alle müssen – jeder an seinem Platz – mehr als bisher tun, um diese Entwicklung umzukehren.

1984 betrug die Zahl der Obduktionen pro Jahr für Institute in öffentlicher Trägerschaft nur 310, für die in privater Trägerschaft nur 60. Nur knapp die Hälfte der Institute in öffentlicher Trägerschaft führt pro Jahr mehr als 300 innere Leichenschauen durch (13). KÖSSLING hat auf die sich daraus ergebenden Konsequenzen für die Weiterbildungsmöglichkeiten in unserem Fach hingewiesen (13).

Ein befriedigendes Obduktionsrecht ist mittelfristig nicht in Sicht. Erfolge unserer bescheidenen Öffentlichkeitsarbeit sind ausgeblieben. Hoffnung bringen die Verhandlungen bezüglich der Einbindung der Obduktion in die Qualitätssicherung im Rahmen der getroffenen Kooperationsvereinbarungen zwischen der Bundesärztekammer und der Deutschen Krankenhausgesellschaft. Ziel des Berufsverbandes Deutscher Pathologen ist die Kopplung einer Mindest-Obduktionsfrequenz – etwa von 30% – an die Dauer der Weiterbildungsermächtigung. Nur so können wir die auch durch juristische Einflüsse gewachsenen Widerstände mancher Klinikärzte gegen die Obduktion abbauen.

Wandel von innen hat auch im Bereich der intravitalen Diagnostik negative Strukturentwicklungen entstehen lassen (7, 8). Die teilweise starre und kurzsichtige Haltung unserer Vorväter gegen neue berechtigte Forderungen an unser Fach hat Absplitterungen induziert. Stichworte: Zytologie, Gynäkopathologie, Neuropathologie und Dermatopathologie. Auf neue Aufgaben wurde nicht immer richtig reagiert.

Die Aufgaben in der Breite der Histologie und Zytologie „von Kopf bis Fuß" fordert eine teilweise Abkehr von der monolithischen Pathologie, macht auf der Basis der unverzichtbaren Breite Sub- oder besser Super-Spezialisierungen erforderlich.

Einheitliche, allgemein akzeptierte Konzepte dieser wohl nicht zu umgehenden Strukturierung unseres Faches „unter einem Dach" existieren noch nicht. Im Koordinationsausschuß der Deutschen Gesellschaft für Pathologie, der deutschen Abteilung der Internationalen Akademie für Pathologie und des Berufsverbands Deutscher Pathologen werden z. Zt. mehrere Modelle diskutiert, so z. B. das Zentrum für Pathologie mit Spezialabteilungen, wie sie schon in manchen Universitätsinstituten existieren, das Bremer Modell der kollegialen Leitung, das sich meiner Meinung nach für nicht-universitäre Institute eignet, und – im Bereich der Institute in privater Trägerschaft – das Modell der Gemeinschaftspraxis.

Gefahr von innen zeichnet sich aber auch ab oder ist schon real geworden durch eine Überproduktion von Pathologen ohne gleichzeitigen inneren Strukturwandel.

Kössling warnt seit Jahren vor dieser Gefahr (13). Richtschnur ist eine Bedarfsanalyse, die sich am Qualitätsstandard orientiert. So z. B. die vom Berufsverband Deutscher Pathologen publizierte Richtzahl von 10000 histologischen Untersuchungen pro Jahr pro Pathologe, um einen hohen fachlichen Standard zu erreichen und zu erhalten. Schon jetzt gibt es Regionen, in denen diese Richtzahl deutlich unterschritten wird.

Die Zahl der Leistungen in der Histologie wächst in den letzten Jahren konstant um 6% pro Jahr. Die Zahl der Ärzte für Pathologie hat von 1984 bis 1985 auch nur um 6,2%, von 682 auf 724, zugenommen (13).

In den Mitgliedslisten der deutschen Abteilung der Internationalen Akademie für Pathologie werden aber 150 Juniormitglieder gezählt. Hinzu kommt eine Dunkelziffer von Nicht-IAP-Juniormitgliedern und ein Anstieg von Prüfungen zum Gebietsarzt für Pathologie um bis zu 100%.

Die Mehrzahl der zur Zeit berufstätigen Pathologen – knapp über 50% – ist zwischen 40 und 50 Jahre alt, nur 9,9% zwischen 60 und 65 Jahre. Damit dürfte sich die Zahl der berufstätigen Pathologen quantitativ fast um die Zahl der neuen Gebietsärzte erhöhen (13).

Parallel dazu besteht ein Trend zur Niederlassung in der Ein-Mann-Praxis mit der daraus resultierenden langfristigen Gefahr der Qualitätseinbuße und der Konfrontation innerhalb unseres Fachgebietes.

Schon jetzt sehen manche von uns die drohende Aufsplitterung des sowieso schon sehr kleinen und deshalb relativ schwachen Berufsverbandes der deutschen Pathologen in Interessen-Splittergruppen der Universitätspathologen, der Pathologen in Instituten in öffentlicher Trägerschaft und der Pathologen in freier Praxis. Denn: Mit einer zu starken Welle der Niederlassung in freier Praxis kommt zwangsläufig das Pochen auf das in der Reichsversicherungsordnung verankerte Recht des Monopols der kassenärztlichen Versorgung durch niedergelassene Kassenärzte. Ermächtigungen und Beteiligungen werden auf Antrag der niedergelassenen Kollegen zum Teil schon entzogen, Niederlassungen der betroffenen Pathologen sind die Folge, renommierte Institute sind nicht mehr zu besetzen, Konkurrenzkämpfe mit Methoden, wie wir sie aus dem Bereich der Labormedizin kennen, sind schon an der Tagesordnung. Weiterbildungsermächtigungen – sogar schon im Bereich der Universitätsinstitute – gehen verloren oder werden unter Protest zurückgegeben. Hinzu kommt der Trend, daß sich gerade in letzter Zeit Pathologen nach ihrer Pensionierung in freier Praxis niederlassen und so ihrem Amtsnachfolger Rumpfinstitute hinterlassen, die dann defizitär arbeiten und Stellenkürzungen hinnehmen müssen.

Vielleicht ist es schon zu spät, hier gegensteuern zu wollen. Den Versuch sollten wir aber nicht unterlassen. Die kollegiale Zusammenarbeit aller Pathologen im Interesse des Erhalts unseres Fachgebietes für die nächsten Generationen muß einen höheren Stellenwert haben als der „Konkurrenzkampf“. Die Verantwortlichen für die Strukturen im Gesundheitswesen sollten rechtzeitig auf die Gefahren hingewiesen werden:

- Qualitätsverluste in der Medizin,
- höhere Kosten und
- Mangel an kompetenten Pathologen in den nächsten Generationen.

Ansprechpartner hierfür sind die leitenden Gesundheitsbeamten der Länder, Kultusministerien, die Politiker, die Verbände der Krankenhausträger und auch die Krankenkassen. Ganz besonders wichtig erscheint mir, daß wir mehr als bisher mit den jungen Kollegen in der Weiterbildung und mit den Fachkollegen in unseren Instituten über deren Zukunft sprechen und Positionen für diese Kollegen schaffen müssen, die den Druck und den Sog in die freie Praxis verhindern. Hierzu gehört auch eine angemessene leistungsbezogene Beteiligung an den Einnahmen aus der sog. Nebentätigkeit und/oder Schaffung eigenständiger Positionen mit Liquidationsrecht und Ermächtigung zur kassenärztlichen Tätigkeit.

Noch größer und zum Teil verknüpft mit den Gefahren des Wandels von innen sind die Gefahren, die sich durch Fremdeinflüsse von außen, aus Politik und gesellschaftlichen Organisationen ergeben. So scheint die Organisation der Kassenärztlichen Vereinigung mitten in einem Umdenkungsprozeß zu stecken, sieht nicht mehr die Besonderheiten unseres Fachgebietes und der fachlich notwendigen Teamarbeit innerhalb der Pathologie, entzieht Ermächtigungen und Beteiligungen, wendet rigoros Honorarverteilungsmaßstäbe an und ist dabei, den Begriff der persönlichen Leistungserbringung einengend zu definieren.

Ob diese Entwicklung durch die Vorstellungen des Marburger Bundes zur Verzahnung der ambulanten und stationären Krankenversorgung zu umgehen sein wird, bleibt abzuwarten. Manche von uns Pathologen in nicht-universitären Instituten haben schon die Konsequenz gezogen oder verhandeln mit ihren Trägern über eine Privatisierung, um so die Gefahren aus der Richtung dieser KV-Politik zu bannen.

Die nächste Gefahrenquelle ist die politisch-administrative Ebene. In der Kultusbürokratie insbesondere der Unsinn der Hochschulgesetze mit der Befristung von wissenschaftlichen Stellen ohne Berücksichtigung der Leistung, der Hausberufungssperre für C-Professoren, also die Zerstörung der akademischen Schulen, das Verhindern eines langfristigen Wissenschafts-Managements (1).

Hinzu kommen restriktive Nebentätigkeitsverordnungen, die vielleicht zunächst nur den Hochschulbereich betreffen, dort zu Kompetenzverlust, Stellenreduktionen, zum Verlagern der wissenschaftlichen Aktivität weg von der patientenorientierten Humanpathologie hin zur Experimentalpathologie führen, dann aber folgerichtig auch auf die sog. Nebentätigkeit der nicht-universitären Pathologen durchschlagen und so sinnvoll gewachsene Strukturen zerstören werden.

Vielleicht ist es schon „5 nach 12“. Dennoch sollten wir versuchen, den Trend der Atomisierung unseres Faches zu stoppen (2, 21). Wandel bedeutet ja nicht nur Änderung und Abhilfe, sondern auch Lebensführung und sittliches Verhalten. Gestalt ist nicht nur die Morphe, die äußere Form, sondern auch die innere Struktur eines Gegenstandes, ein einheitlicher, aus den Teilen nicht erklärbarer Zusammenhang (15).

Unsere Lehrer haben uns die ethische Verpflichtung gegenüber unserem Fach mit auf den Weg gegeben.

Nehmen wir die von BECKER herausgestellte Verantwortung des Piloten für seine Passagiere ernst. Setzen wir die Einsichten aus unseren Analysen um, *sprechen* wir nicht nur von Zukunftsverantwortung, sondern *gestalten* aktiv eine Zukunft, einen Wandel des alle anderen Fächer durchdringenden Kernfaches Pathologie, der aufbaut auf den Fundamenten und Gebäuden unseres historisch organisch gewachsenen Faches, auf daß auch in späteren Generationen Symposien wie heute mit dieser Demonstration der Breite und Tiefe unseres Fachgebietes möglich sein werden.

Literatur

1. ALTMANN, H. W.: Pathologie in Deutschland. Ahnung und Gegenwart. Pathologe *7,* 128–135 (1986)
2. BÄSSLER, R., G. SEIFERT, F. K. KÖSSLING: Zusammenarbeit von Klinikern und Pathologen. Diagnostik *17,* 8–9 (1984)
3. BECKER, V.: Selbstverständnis und Standort der Pathologie. Verh. Dtsch. Ges. Path. *71,* XXXIII-XL (1987)
4. BECKER, V.: Die Klinik im Spiegel der Pathologie. Konkordanzen und Dissonanzen. Arzt und Krankenhaus *10,* 299–304 (1987)
5. COTTON, R. E.: The future of histopathology – a personal view. Pathology *17,* 156–159 (1985)
6. DAVID, H.: Pathologie heute und ihr Weg ins 21. Jahrhundert. Z. Klin. Med. *42,* 2125–2132 (1987)
7. DOERR, W.: Über die Bedeutung der pathologischen Anatomie für die Gastroenterologie. Sitzungsberichte der Heidelberger Akademie der Wissenschaften, Mathematisch-naturwissenschaftliche Klasse, 4. Abhandlung, p. 149, Springer-Verlag, Berlin-Heidelberg-NewYork (1973)
8. DHOM, G.: Memorandum über die Entwicklung der diagnostischen Aufgaben in der Pathologie (nicht publiziert).
9. GIESE, W.: Eröffnungsrede des Vorsitzenden. Verh. Dtsch. Ges. Path. *52,* XXIX–XXXII (1968)
10. GRISHAM, J. W.: The future of biomedical research and its impact on pathology. Arch. Pathol. *110,* 289–295 (1986)
11. HERMANEK, P.: Die Situation der Pathologie in Deutschland. Stellenwert der klinischen Pathologie. Beitr. Path. *154,* 88–91 (1975)
12. JOHANNESSEN, J. V.: Pathology at the Crossroads. Pathol. Res. Pract. *180,* 107–111 (1985).
13. KÖSSLING, F. K.: Ergebnisse der Umfrage 1985, Brief an die Mitglieder des Berufsverbands Deutscher Pathologen. November 1986
14. LEGG, M. A.: What role for the diagnostic pathologist? New Engl. J. Med. *16,* 950–951 (1981)
15. LENNERT, K.: Eröffnungsrede des Vorsitzenden. Verh. Dtsch. Ges. Path. XXIII–XXXI (1983)
16. MOHR, H.-G.: Status und Stellung des Pathologen in der Medizin heute. Beitr. Path. *151,* 413–426 (1974)
17. REMMELE, W.: Peters Prinzip, Parkinsons Gesetz und die Situation der Pathologie in der Bundesrepublik Deutschland. Beitr. Path. *155,* 316–331 (1975)
18. REMMELE, W.: Auftraggebender Arzt und Pathologe. Konfrontation oder Kooperation? Klinikarzt *16,* 464–471 (1987)
19. SANDRITTER, W., K. LENNERT: Die Situation der Pathologie in Deutschland. Versuch einer Analyse. Beitr. Path. *152,* 320–326 (1974)
20. SEIFERT, G.: Die Zukunft der Pathologie. Pathologe *7,* 243–247 (1986)
21. SELBERG, W.: Pathologische Anatomie und praktische Medizin. Pathologe *7,* 125 (1986)

Schlußwort

V. Becker

Mein Herz ist erfüllt von Dankbarkeit. Dankbar bin ich Ihnen allen, daß Sie hierher gekommen sind, mir Ihre Verbundenheit bezeigten, und daß Sie so lange ausgehalten haben. Denn mein Kopf sagt mir, daß Sie alle möglicherweise nicht so viel von diesen Vorträgen gehabt haben, wie ich selbst: Denken Sie, daß ich alle Redner gewissermaßen von der Sexta an kenne, daß wir die Probleme, die heute erörtert worden sind, in vielen Diskussionen und Besprechungen in jahrelanger Zusammenarbeit in geistiger Osmose gepflegt haben, daß ich heute manche geistigen Spurenelemente wiedergefunden habe, daß wir uns während langer Jahre an jedem kleinen Erfolg zusammen gefreut haben und bei jeder Sackgasse versucht haben, gemeinsam herauszukommen. So war dies für mich eine gestaltete Anamnese.

Sie, die Sie ein so heterogenes Programm gehört haben, werden nur durch den Programmzettel und die Vorgeschichte erkennen können, daß es sich um eine Schule handelt! „Schule", das ist ein großes Wort – ist dies wirklich? Wenn hier eine Schule vorgestellt worden ist, dann kann die Signatur dieser Schule nur die Vielfältigkeit ihrer Arbeitsrichtung sein. Und das war es ja wohl auch, vor dem wir immer Angst hatten: daß wir über dem eigenen Problem, das uns gerade beschäftigte, die vielfältigen alltäglichen Beobachtungen übersehen würden. Der Wechsel der täglichen Beobachtungen hatte den Wandel auch der eigenen Forscherpersönlichkeit zur Folge und das haben Sie soeben erfahren können, wenn es vielleicht auch nicht so deutlich geworden ist, wie mir dies alles vorkam. Wir haben oft institutsintern über Individualpathologie gesprochen: Es gibt auch eine Individualität des Pathologen – und daher ist das Programm der heutigen Vortragsreihe so heterogen, so vielseitig. Die Entwicklung der Einzelnen, auch wenn sie aus dem gleichen Humus stammen, ist eben doch sehr heterogen verlaufen.

Ich danke allen Rednern sehr herzlich für dies, was sie uns hier vorgetragen haben.

Sodann danke ich – Sie sehen, daß ich bei dem Programmzettel rückwärts gehe – dem Präsidenten unserer Universität, Herrn Professor Fiebiger, für die fast möchte ich sagen programmatischen Worte, die einen Funken schlagen – was wollte ich lieber, als es brenne schon!

Und dann die Laudatio von Wilhelm Doerr.

Es ist selten, daß ein akademischer Lehrer seinem eigenen Schüler eine Laudatio hält, aber: er ist auch ein seltener Lehrer!

Wir alle kennen WILHELM DOERR und wissen, wie sehr er in seiner barocken Art übertrieben hat. Nicht übertrieben ist aber die 40 Jahre währende enge Verbindung im Sinne des Lehrer-Schüler-Verhältnisses aber auch im Sinne der Freundschaft. Ich bin beeindruckt und auch ein wenig betroffen, mit welcher Sorgfalt, mit welcher Mühe, ja Schweiß wie man sieht, er sich in diesen Gegenstand eingearbeitet hat, eine Mühe, die vielleicht einem wertvolleren Ziele angemessener wäre. WILHELM DOERR hatte vor langer Zeit anläßlich des 80-jährigen Geburtstages von ROBERT RÖSSLE eine Laudatio für das Berliner Medizinische Journal zu schreiben. RÖSSLE schrieb ihm danach, daß ihn manches aus seinem eigenen Leben aus einer anderen bisher nicht gekannten Sicht klar wurde, was ihm eigentlich nicht so bewußt gewesen sei. Damals habe ich RÖSSLE nicht verstanden – heute weiß ich, was er meinte.

Daß ich über eine solche Einleitung des Symposions glücklich bin, verstehen Sie und daß ich ihm dafür dankbar bin. Dem Dekan der Medizinischen Fakultät, SPECTABILIS ROHEN, bin ich für seine Worte dankbar, die zeigen, daß er dieses Symposion zu seiner eigenen und zur Sache der Fakultät gemacht hat. Die Fakultät ist bei aller Vielfalt – schon wieder Vielfalt – einmütig und geschlossen wie selten eine Fakultät in deutschen Landen, ihr anzugehören ist eine Ehre und eine Freude.

Schließlich möchte ich Herrn PESCH, dem Initiator, Organisator und dem Macher dieses Symposions besonders danken. Von ihm stammen die Idee und das Thema. Er war Tag und Nacht bemüht, er war als Perfektionist besonders engagiert, als Vordenker, als unermüdlicher Bedenker und Nachdenker alles dessen, wie man dieses Symposion schön machen könnte.

Ich habe etwas Skrupel, daß durch dieses Symposion seine eigene wissenschaftliche Aktivität in den letzten Monaten gehemmt war. Ich danke ihm sehr herzlich.

Nachwort

W. Doerr und H.-J. Pesch

Wer, wie der eine von uns in den 30-er Jahren studierte und nach der 8. Auflage des Aschoff'schen Lehrbuchs (Jena: G. Fischer 1936) sein Examen vorbereitete, kam sehr früh mit der Gedankenwelt in Berührung, die heute, vielfach in fremder Sprache, als neuartig an uns herangetragen wird. Wir können nur sagen, daß es sehr schwer ist, originell zu sein! Der Molekularpathologie Schades, der Entzündungslehre Rösslеs, der Immunologie durch und seit Paul Ehrlich, der experimentellen Geschwulstforschung aus der Feder von M. Borst war gedacht worden. Die Lehre von der Pathomorphose ist aber erst nach dem letzten Krieg aufgekommen (Folke Henschen, Wilhelm Löffler, Erich Letterer; cf. 37. Tgg. Dtsch. Ges. Path. 1955/56). Gerade dieses Thema ist für das Verständnis der Krankheitslehre wichtig. Denn, was Pathomorphose ist, kann nur ermessen werden, wenn der „nosologische Längsschnitt" beachtet wird. Dann nämlich kann geprüft werden, wer oder was sich eigentlich geändert hat: der Kranke, das Spektrum der Krankheitsursachen, die Diagnostik, der Arzt mit seiner Begriffswelt oder die Krankheit selbst. Auch das Berufsbild des Pathologen unterliegt Änderungen. Von allem diesem handelte das Symposium. Wir meinen, daß es erneut zeigt, daß Allgemeine Pathologie die Abstraktion der Summe aller Erfahrungen der Pathologischen Anatomie darstellt. Dies ist jedenfalls die elementare Erkenntnisstufe, alles weitere nimmt hiervon seinen Ausgang.

Möge daher dieses Büchlein – mit allem Ernst und einigem Humor – nicht nur der dankbaren Erinnerung an den Jubilar, sondern auch der Besinnung auf die Grundwerte unseres geliebten Faches dienen.

Sponsoren

Die Durchführung des Symposiums „Gestaltwandel“ und die Veröffentlichung der vorliegenden Abhandlung „Pathomorphose“ wurden durch freundliche Unterstützung der nachfolgend genannten Sponsoren ermöglicht, wofür auch an dieser Stelle besonders gedankt sei:

Fa. Foto Bus	8520 Erlangen
Fa. Dr. Falk Pharma GmbH	7800 Freiburg
Fa. Heumann Pharma GmbH & Co.	8500 Nürnberg
Fa. Leistritz AG	8500 Nürnberg
Fa. Leitz Vertriebs GmbH	8000 München
Fa. R. Paulus	8520 Erlangen-Buckenhof
Fa. Pfrimmer-Viggo GmbH & Co. KG	8520 Erlangen
Fa. Shandon GmbH	6000 Frankfurt/Main
Fa. Carl Zeiss	7082 Oberkochen

Veröffentlichungen aus der „Theoretischen Pathologie“, Heidelberg

1973 bis 1988

A) Vorstufe der Entwicklung

1. Bauer V. H.: Das Antonius-Feuer in Kunst und Medizin. Berlin-Heidelberg-New York: Springer 1973.
2. Höpker, W.-W.: Spätfolgen extremer Lebensverhältnisse. Berlin-Heidelberg-New York: Springer 1974.
3. Becker, V. und H. Schmidt: Die Entdeckungsgeschichte der Trichinen und der Trichinosis. Berlin-Heidelberg-New York: Springer 1975.
4. Höpker, W.-W.: Obduktionsgut des Pathologischen Institutes der Universität Heidelberg 1841–1972. Berlin-Heidelberg-New York: Springer 1976.
5. Hamperl, H.: Robert Rössle in seinem letzten Lebensjahrzehnt (1946–1956). Berlin-Heidelberg-New York: Springer 1976.
6. Höpker, W.-W.: Das Problem der Diagnose und ihre operationale Darstellung in der Medizin. Berlin-Heidelberg-New York: Springer 1977.
7. Gathmann, H. A. und R. D. Meyer: Der Kleeblattschädel. Berlin-Heidelberg-New York: Springer 1977.
8. Doerr, W. und H. Schipperges: Was ist Theoretische Pathologie? Berlin-Heidelberg-New York: Springer 1979.
9. Becker, V., K. Goerttler, H. H. Jansen: Konzepte der Theoretischen Pathologie. Berlin-Heidelberg-New York: Springer 1980.

B) Phase der Differenzierung

10. Doerr W., W. Hofmann, A. J. Linzbach, K. Rother, F. Seitelberger: Neue Beiträge zur Theoretischen Pathologie. Berlin-Heidelberg-New York: Springer 1981.
11. Henkelmann, Th.: Zur Geschichte des pathophysiologischen Denkens, John Brown (1736–1788) und sein System der Medizin. Berlin-Heidelberg-New York: Springer 1981.
12. Breitfellner, G.: Der Sekundenherztod. Berlin-Heidelberg-New York: Springer 1982.
13. Doerr, W., W. Jacob, A. Laufs: Recht und Ethik in der Medizin. Berlin-Heidelberg-New York: Springer 1982.
14. Schipperges, H.: Historische Konzepte einer Theoretischen Pathologie. Berlin-Heidelberg-New York-Tokyo: Springer 1983.
15. Seidler, E.: Medizinische Anthropologie. Berlin-Heidelberg-Berlin-Tokyo: Springer 1984.
16. Höpker, W.-W.: Mißbildungen. Interrelationen, Assoziationen, diagnostische Validität. Berlin-Heidelberg-New York-Tokyo: Springer 1984.

C) Aktuelle Darstellungsform

17. Schipperges, H.: Pathogenese. Berlin-Heidelberg-New York-Tokyo: Springer 1985.
18. Cremer, Th.: Von der Zellenlehre zur Chromosomentheorie. Berlin-Heidelberg-New York-Tokyo: Springer 1985.
19. Schipperges, H., W. Doerr: Modelle der Pathologischen Physiologie (Symposion für Hans Schaefer). Berlin-Heidelberg-New York-Tokyo: Springer 1987.

20. Doerr, W., G. B. Gruber: Problemgeschichte kritischer Fragen. Berlin-Heidelberg-New York- Toyko: Springer 1987.
21. Schipperges, H.: Die Entienlehre des Paracelsus. Berlin-Heidelberg-New York-Toyko: Springer 1988.
22. Doerr, W., H.- J. Pesch: Pathomorphose. Änderungen der Pathologie, dargestellt am Gestaltwandel einiger Krankheitsbilder. Berlin-Heidelberg-New York-Tokyo: Springer 1988.